爱上
阳台种菜

孟繁勇 主编

 黑龙江科学技术出版社
HEILONGJIANG SCIENCE AND TECHNOLOGY PRESS

U0388658

图书在版编目（CIP）数据

爱上阳台种菜 / 孟繁勇主编 . -- 哈尔滨：黑龙江
科学技术出版社，2022.4
ISBN 978-7-5719-1282-6

Ⅰ . ①爱… Ⅱ . ①孟… Ⅲ . ①阳台 - 蔬菜园艺 Ⅳ .
①S63

中国版本图书馆 CIP 数据核字 (2022) 第 019040 号

爱上阳台种菜

AI SHANG YANGTAI ZHONG CAI

主　　编	孟繁勇	
项目总监	薛方闻	
责任编辑	王化丽	
策　　划	深圳市金版文化发展股份有限公司	
封面设计	深圳市金版文化发展股份有限公司	
出　　版	黑龙江科学技术出版社	
	地址：哈尔滨市南岗区公安街 70-2 号　邮编：150007	
	电话：（0451）53642106　传真：（0451）53642143	
	网址：www.lkcbs.cn	
发　　行	全国新华书店	
印　　刷	深圳市雅佳图印刷有限公司	
开　　本	720 mm × 1016 mm　1/16	
印　　张	10	
字　　数	100 千字	
版　　次	2022 年 4 月第 1 版	
印　　次	2022 年 4 月第 1 次印刷	
书　　号	ISBN 978-7-5719-1282-6	
定　　价	39.80 元	

本社常年法律顾问：黑龙江博润律师事务所　张春雨

目录

Contents

Part 1
阳台菜园种与吃

Part 2
随时可以采摘的绿色叶菜

Part 3
硕果累累的新鲜瓜果菜

Part 4

风味独特的根茎菜

Part 5

为菜肴增色添香的香辛菜

Part 1

阳台菜园
种与吃

没有院子，也没有田地，怎样在高楼大厦里种出新鲜的蔬菜呢？其实，只要有容器、有土壤，在高楼大厦里也能让我们收获新鲜美味的蔬菜和种菜的乐趣。

阳台环境空间

阳台是非常适合家庭种菜的场所，但因设计构造的不同，还需考虑到不同种类的蔬菜对阳台环境的要求。

朝向与光照

东向和南向阳台光照条件较好，而北向阳台基本无直射光照射，只适合种植半日照的蔬菜。在我国华南地区，北向阳台在六七月份是有直射光照射的，可以种植一些生长周期短的全日照蔬菜。西向阳台则要注意夏天日落前的西晒，需要对蔬菜进行遮阴。

通风与排水

楼层越高，通风条件越好，受强风吹袭的概率也越大。要避免把盆栽蔬菜放置在没有遮挡的阳台边缘，大风来袭时最易发生危险，最好将盆栽蔬菜固定好，以减少隐患。大风天气蔬菜茎叶也容易受到损伤，可设立挡风板等保护装置。

要遵守所住楼房的管理条约。若要放置大型盆器，必须确保在阳台的安全承重范围之内，还要检查阳台地面是否防水，排水速度如何，避免出现安全隐患和对楼下邻居造成困扰。

种菜
必备工具

　　铲子、剪刀、水壶等，都是经常使用到的园艺工具，借助它们能让我们更轻松地种出好菜。

浇水壶

塑料浇水壶轻巧方便，不锈钢浇水壶更为牢固耐用，选择合适大小的即可。

园艺铲

对于日常的松土、施肥、移植工作，一把有一定弧度的小型园艺铲最合适不过了。

喷水壶

干燥的环境下需要喷水壶洒水加湿，还可用于喷洒农药。选用气压式喷水壶为好。

盆器

根据蔬菜生长的大小选择合适的盆器，经济环保就好。

园艺剪

用于疏苗、摘心、采收，挑选手感舒适的款式即可。

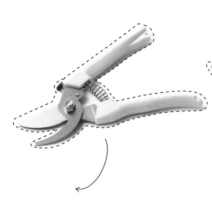

手套

有些蔬菜有细刺，有些蔬菜的汁液沾到手上会发痒，劳作时戴上手套可以保护我们的双手。

修枝剪

可整枝和采收蔬果。在茎秆较粗壮的植株上使用。

黑色塑料薄膜

种子播种后需要在阴暗的环境下发芽，盖上黑色塑料薄膜营造黑暗环境，利于种子发芽。

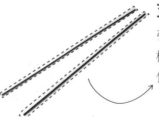

支架

引蔓时需要支架固定植株。可以购买铁质支架和竹支架。

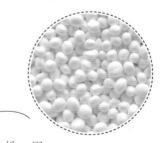

绳子

将植株固定到支架上时使用，结实耐用的麻绳或棉绳都可以。

盆底石

可加强盆底排水性，用生活中常见的碎石子或泡沫球都可以。

低碳环保的种菜容器

　　盆器是阳台菜园中不可或缺的主角，不同的大小、不同的形状和材质，让盆器的选择多种多样。如果只是单纯种菜，生活中用过的塑料盆、饮料瓶或者泡沫箱都可以使用；若想在种菜之余增加观赏乐趣，则需要购买市售的蔬菜用盆器。

选择材质合适的盆器

　　盆器的材质形形色色，塑料盆安全又轻便；若阳台承重允许，透气的陶盆、瓦盆也是不错的选择；使用家里闲置不用的瓶瓶罐罐，既经济环保又方便。可按照自身情况和喜好挑选盆器。

塑料盆

塑料盆质轻价廉，保水性好，然而透气性和渗水性较差，使用时要避免盆土积水。

瓷盆

瓷盆制作精细，涂有彩釉，外型美观，但是透气性较差，价格也高，多用于花卉种植。

瓦盆

瓦盆又称泥盆、素烧盆，用黏土烧制而成，虽然外形粗糙，但便宜实用，透气性、渗水性好，摆放在阳台也颇具复古气息。

陶盆

陶盆是用陶土烧制而成，美观度、透气性和价格均在瓦盆和瓷盆之间，是一个很好的折中选择。

木质盆

木盆质地古朴自然，透气性好，但易滋生细菌，若长期积水，底部容易发霉腐烂。

铁质盆

铁盆有独特的金属光泽，但透气性、透水性差，且容易生锈，用于栽培蔬菜时需要在内部加防水层。

选择大小合适的盆器

盆器的大小会影响蔬菜的生长状况。一般来说，盆器的土壤容量越大，越能提供蔬菜所需营养，且保肥保水性也越好，但盆器太大移动不方便，还要考虑阳台承重，因此要依照种植蔬菜的不同种类来挑选大小合适的盆器。依据不同的土壤容量和深度，盆器可分为大型盆器、大型深底盆器、标准盆器、小型盆器等种类。

大型盆器 容量 30 ~ 40 升

圆形盆器直径在 35 厘米左右，适合栽培时间长、体型较大的蔬菜，如黄瓜、甜瓜、苦瓜、番茄、西葫芦等瓜果类蔬菜。

大型深底盆器 容量 20 ~ 30 升

深度在30厘米以上，适合以膨大的根或茎为食用部位的蔬菜，如萝卜、番薯、马铃薯、芋头等根茎菜，深盆方便定期培土作业。

标准盆器 容量 12 ~ 20 升

直径25厘米左右，适合生长周期较短，高度较低的蔬菜，如菠菜、上海青、莜麦菜、苋菜等叶类蔬菜。

小型盆器 容量 6 ~ 10 升

直径20厘米左右，适合高度低、栽种量少的调味蔬菜，如小葱、香菜、迷迭香、薄荷、罗勒等。嫩叶蔬菜根系浅，生长快，也可用小型盆器栽种。

土壤的选择

在阳台种菜毕竟栽培空间有限，要想种出优质的蔬菜，选择排水良好、透气性好、保水又保肥的土壤非常重要。

市售的营养土

市面上常见的包装好的营养土，一般由蛭石、草炭、珍珠岩、椰丝、腐殖土、泥炭土等配制而成，具有良好的透气性和吸水性，材料轻便，经过杀菌处理，无虫卵，但肥力较弱，需要另加有机肥料，且价格也偏高，可根据栽培的蔬菜选用专用的营养土。

自己配土

沙壤土的排水透气性很好，但是保水保肥性太差；黏性土的保水保肥力强，可是排水性却不好。若将两者按比例混合使用就可兼顾二者的优点，适宜蔬菜的生长。还可加入腐叶土、泥炭土、椰丝、蛭石等材料，调整不同材料的比例，组合出适合不同蔬菜的土壤。

土壤的回收

栽种完蔬菜的土壤板结成块，肥力降低，病菌多，再种同种蔬菜会产生连作障碍，导致蔬菜产量降低、品质变劣、生长状况变差，因此需要对土壤回收后再种植不同种类的蔬菜。

暴晒旧土壤

将使用后的土壤倒出，平铺在旧报纸上，经常翻动，夏天暴晒一周左右，可完全干燥土壤，也能将土壤中的害虫、病原菌杀死，再用筛子过筛，可以去掉残留的根茎和石块。

添加新土和肥料

按 1:1 的比例在暴晒后的旧土中添加新的栽培土，混合均匀后添加腐熟的有机肥做基肥，就可以再次利用了。

好菜靠好肥

要想蔬菜长得快、收成好，仅靠土壤中的营养是不够的，还需要定期施肥补充所需营养。栽种前在土壤中拌入有机肥作为基肥，之后观察蔬菜生长状况，适时添加肥料作为追肥。

肥料三要素

氮肥、磷肥、钾肥合称肥料三要素，是肥料中最重要的成分。氮肥能够促进植物茎叶生长，磷肥有助于植物开花结果，钾肥能促进根系生长，提高根茎类蔬菜的收成。一般市售的比例为 15:15:15 的氮磷钾复合肥适用于所有蔬菜。

多用有机肥

市售有机肥一般有两种，一是由秸秆、花生麸、豆粕等制成，可拌土使用；另一种是牛羊粪、鸡粪等充分腐熟后的粪肥，常作为基肥使用，能补充多种营养元素，保持植物养分的均衡。有机肥为缓效性肥料，效力慢，养分容易流失，还需配合化学肥料使用。

家庭自制有机肥

在家自制简易的有机肥，只需要将平时丢弃不用的材料重新利用起来，既能满足蔬菜生长所需营养物质又能减少种菜成本。

材料	肥料种类	做法
黄豆渣	氮肥	黄豆渣装入容器中，室外发酵 2～3 周，发酵后的黄豆渣可作为基肥，也可将渗出的水作为液肥
淘米水	磷肥	淘米水收集起来，完全密封发酵，经 2～3 周即可与清水以 1：2 的比例混合使用
鸡蛋壳	钙肥	鸡蛋壳洗净碾碎，直接拌入栽培土使用

施肥方式

固体肥料直接与土壤混合均匀，或者挖几个穴将肥料埋进去，注意不要太过靠近根系，以免烧根，施肥后浇透水。液体肥料常用于生长期的追肥，按比例加清水稀释后使用，可用于叶面喷肥，也可配合浇水使用，适合叶菜类蔬菜的追肥。

浇水的要点

蔬菜若枯萎，可能不是缺水导致的，而是浇水太多引起的。土壤湿度过大使土壤含氧量变低，植株根系若长期在无氧的环境中生长，就容易腐烂，根上部也会随之枯萎。因此，把握正确的浇水方法对蔬菜生长十分重要。

浇水的时间

夏季浇水应在早晨或傍晚，避免中午太阳暴晒时浇水。中午浇水容易被太阳光灼烧叶片，而且中午蒸腾量大，浇水使土壤突然降温，植物承受不了如此急剧的变化，容易枯萎死亡，但是在植物极度缺水情况下可随时浇水。冬季应选择晴朗的中午浇水，早晨和傍晚的水温太低，不适合浇水。

浇水的方法

大部分植物浇水时都要"见干见湿"，即表层土壤干了之后再浇水，且要一次浇透，若少量多浇，植物容易烂根。也可盆底浸水，将花盆置于水槽中，由盆底部向上逐渐吸水，这样能使土壤吸水更充分。

种子和种苗怎么挑

栽培蔬菜分两种：从种子开始培育和从种苗开始培育。从种子开始培育成本低、收获多，但是发芽率得不到保证，栽培周期也长。从种苗开始培育方便省事，栽培周期也相对短一些。

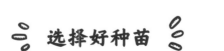 选择好种子

购买种子时要注意新鲜度，看清包装上的生产日期，一般种子保质期1~3年，避免购买储存多时的种子。包装上没有标明发芽率和有效期的种子不要购买，还要根据栽培地的气候选择适合的种子品种，以保证发芽率。没有使用完的种子要密封好放入冰箱冷藏保存，避免种子失去活力。

选择好种苗

种苗要挑选生长健壮、茎部较粗、叶片较宽、叶色深且无病虫害的，若是生长周期长的植株，还要留意其根系是否完整和舒展良好，叶与叶的间隔是否较短。

病害、虫害早防治

通风及光照条件不好很容易生病害或虫害，影响蔬菜品质，还破坏我们种菜的好心情。要尽早地防治病虫害，避免病害或虫害的蔓延。

防治病虫害

南方若到了梅雨季节，空气潮湿再加上日照、通风不佳，病虫害最易发生。因此盆与盆之间必须保持适当的间距，间苗时要保证株距合适，并减少浇水量。盆底垫上瓦片，也能改善盆底的通风和排水性能。

在盆上覆盖防虫网，插上粘虫纸，移栽幼苗时检查是否附着虫卵，老叶黄叶及时摘除，得病的植株及时拔掉，能有效地避免病虫害发生和蔓延。

常见的病害、虫害

1. 蚜虫

蚜虫繁殖力强，常成群附在茎叶上吸取汁液，造成植株营养流失变黄枯萎。

2. 红叶螨

红叶螨最初在下叶叶背面寄生，吸食叶片汁液，叶片表面出现白碎花状症状，当叶片营养状态不良时，红叶螨不断移向新叶，为害迅猛，严重时甚至导致全株枯死。

3. 小菜蛾、菜青虫

啃食果实和叶菜的嫩叶，造成叶片和果实孔洞，影响蔬果品质。

4. 白粉病

叶子表面被白色粉末覆盖，影响叶片光合作用，应及时摘除发病叶片。

自制杀虫农药

若叶子上有白粉或霉点，可用清水清洗叶片减轻病害。若有菜青虫、夜盗虫等，可用手捏除或用筷子夹去。不想喷化学农药，那就自己动手制作杀虫农药吧！

1. 辣椒水：将红辣椒切碎，加入米酒和水，浸泡一会儿，喷洒使用。

2. 大蒜汁：将大蒜剥皮切碎，加入米酒和水稀释后使用。

3. 洗衣粉水：2 克洗衣粉兑水 1000 毫升，充分溶解后喷洒使用。

基本种菜技巧

掌握适当的播种、移栽、引蔓、摘心等栽培技巧，让阳台种菜越来越轻松。

播种、间苗、移栽

温水浸种促发芽

有些种子种皮较厚，常规播种发芽时间较长或难以发芽，需要在播种之前对种子进行浸种，浸种还可以杀死一些虫卵和病毒。不同种子的浸种要求不一样，比如蔬菜种子，可放在55～60℃的温热水中浸泡，保持该水温10～15分钟，之后加入凉水，把水温降到25～30℃，继续浸泡2～6小时。若种子种皮较厚，可延长浸泡时间，待种子吸饱水捞出，用纱布包好，放在25℃左右的环境下催芽，看到种皮破开露白即可播种。

播种的三种方法

常见的播种方法有点播、条播和撒播三种。播种时要根据种子的大小选择合适的播种方法，如苦瓜、豇豆、秋葵等大粒种子应选用点播法播种，辣椒、西红柿等中粒种子既可以点播也可条播，而生菜、小白菜、苋菜这些体积小质量轻的小粒种子就需要撒播了。

1. 点播

按照一定的距离挖穴播种，每穴播种2~3粒，随即进行覆土或覆盖，再用手轻压，让种子和土壤紧密结合后充分浇水。点播法适用于大粒种子，覆土较深，覆土厚度相当于种子的3倍左右。萝卜种子常用此法播种。

2. 条播

播种前先在盆中挖好1~2条沟槽，每隔1厘米放一粒种子，用手指轻推沟槽两边的土，均匀盖到种子上，随即轻压土壤，再充分浇水。条播播种适用于大粒或中粒种子，能避免种子重叠，出苗整齐美观。

3. 撒播

撒播适用于嫩叶蔬菜的小粒种子，可混合少量的细沙再撒播，这样播种的密度比较均匀。种子撒完后，用筛网筛土覆盖更为均匀，特别细小的种子混合沙子播种后可以不用再进行覆土。撒播法适合嫩叶蔬菜，尤其是幼苗期一边间苗一边种植的叶菜。

点播　　　　　　　　条播　　　　　　　　撒播

间苗的要点

　　播种后一般 3 ～ 10 天即可发芽，发芽后要进行间苗，也就是将过于密集的苗拔除掉，保持合理的株间距，让幼苗之间的叶子不会碰在一起。

　　间苗可多次进行。在植株刚发芽时进行第一次间苗，用剪刀剪不容易伤到其他幼苗的根部。若还是过密，视生长状况可进行第二次间苗，在长出 2 ～ 3 片真叶时进行。注意保留健壮的苗，将弱苗、病苗除去。

移栽幼苗的方法

　　若植株的生长空间受限，根系得不到发展，不再萌发新根，植株发育便会受滞，此时就需要移植了。把幼苗从盆中取出时，不要破坏根系周围的土块，带土移植能最大程度地保护植株根系。栽到新盆后轻压土壤并浇透水。

搭架、引蔓

番茄、黄瓜、豇豆、苦瓜等有缠绕茎、攀援茎或长势高的蔬菜，都需要搭支架防止倒伏，还要将茎叶牵引并绑在支架上，也就是引蔓。

搭支架的方法

选用结实耐用的竹竿或铁质立柱，搭架最重要的是要保证植株不倒。

方法一，单杆架。在每株苗旁边插一根支柱，用麻绳将植株松松地绑在支柱上。这种方法适用于番茄、辣椒等矮性品种。

方法二，人字架。在每株植物旁插一根支柱，再将相邻两行支柱交叉成人字形固定，最后在人字形上方搭一根长杆连接。这种方法适用于黄瓜、苦瓜、西葫芦等蔓生蔬菜。

引蔓的要点

最常用的方法是将茎蔓呈"8"字形缠绕在支架上，这样不容易脱落。绑蔓时下部要绑松一些，留一指空隙，让茎蔓继续生长，上部要绑紧些，防止果实增多使茎蔓下坠。

摘心、抹芽、花叶修剪

要想蔬菜有好的收成，摘心、抹芽等整枝方法必不可少。瓜果类蔬菜要适时摘心、及时抹芽和适当地修剪花叶才能收获好的果实，香草植物经常摘心可以让我们在一年中接二连三地采收。

摘心的学问

摘心又叫打顶，是指摘除茎最前端的顶芽，促进侧芽生长，增加枝叶量，从而增加收获量。像薄荷、罗勒、迷迭香等收获茎叶的香草类蔬菜，摘心后会长出很多侧芽，可以随吃随摘，在一年中收获多次。像黄瓜、苦瓜、南瓜、番茄等茎蔓特别长的蔬菜，生长期茎蔓会顺着支架越爬越高，适时摘心可以降低植株高度，促进花芽的形成，还可以促使养分向下输送给果实。

要及时抹芽

抹芽也叫摘芽，侧芽刚生出的叶腋很嫩很脆，用手轻轻一抹就能除去。番茄、辣椒、黄瓜等侧芽萌发较多，若不及时除去，长出分枝过多，不仅消耗营养，还影响光照和通风，容易滋生病虫害。若植株做过摘心处理，更要时常抹芽，避免长出太多不必要的分枝。

修剪花、叶

瓜果类蔬菜开花过多会消耗养分，可以在授粉后，保留雌花附近的 2 ~ 3 朵雄花，及时摘除其余雄花，以减少营养和水分的消耗。

瓜果类蔬菜长势旺盛，叶片过多时不利于植株内部通风透光，还容易滋生病虫害，因此要疏去过密的叶片，老叶黄叶也要及时剪除。

健康的烹饪方法

在阳台种菜，蔬菜随吃随采，凉拌小菜，制作沙拉，还有需要香辛菜调味的鸡鸭鱼肉，只需走到阳台即可获得最新鲜健康的食材搭配组合，厨房到阳台的距离就是我们等待美食的距离。

蒸煮焖炖——保留食材原汁原味

除了生吃凉拌外，蒸、煮、焖、炖这四种烹饪手法不仅能保留食物的原汁原味，还能最大程度地减少营养流失，让我们种出的蔬菜能烹饪出最好的滋味。

蒸制

蒸，一种看似简单的烹饪方法，却能变化出鲜香嫩滑之滋味。在蒸制过程中，蔬菜的汁液不像其他加热方式那样大量挥发，鲜味物质和营养成分保留在菜肴中不受破坏。

煮食

将食材放在过量的汤水中，先用大火煮沸，再用小火煮熟。煮的食物吃起来不油腻，也没有烧烤类食物的致癌物，是一种健康的烹饪方式。

焖和炖

焖是将食材放入锅中加适量的汤水和调料盖紧锅盖烧开，再改小火进行较长时间加热的烹饪方法；炖则加入的汤水较多。这两种方法都可使原料的鲜香味不易散失，营养流失也相对较少。

低盐少油——告别"重口味"

中国居民膳食指南建议，每人每天食用油摄入量为 25 克左右，食盐的摄入量以不超过 6 克为宜，而目前我国成人平均每天盐摄入量为 10.5 克，食油量超标 1 倍多。烹饪时添加过量的盐和油还能掩盖食材的不新鲜，使得"重口味"现象越来越普遍。

太咸太油腻的危害

盐的主要成分之一是钠离子，而高钠的摄入是高血压及心血管疾病、胃癌等发生的关键诱因；食油超标则容易引起肥胖、高血脂、高血压和糖尿病，还可能进一步发展为冠心病和中风。因此，油和盐的超标摄入已经严重影响到我国的居民健康。

告别"重口味"

阳台上自己种的新鲜蔬菜，营养物质丰富，没有农药残留，不需要添加太多的调味料，只需加入少许的盐和油就能烹饪出美味又健康的料理，让我们从此告别"重口味"。

不要让蔬菜的营养流失

我们吃蔬菜是为了吸收里面的营养，但是，蔬菜在加工、烹调过程中，由于方法不当往往会造成大量的营养损失。怎么做才能最大限度地保存蔬菜中的营养呢？

不要"先切后洗"

人们对许多蔬菜习惯于先切后清洗。其实，这种做法加速了营养素的氧化和可溶物质的流失，会使蔬菜的营养价值降低。

正确的做法是将瓜果蔬菜表面的泥土、灰尘清洗干净后，再用刀切成片、丝或块，随即下锅。至于花菜，洗净后，只要用手将一个个绒球肉质花梗团掰开即可，不必用刀切。因为刀切时，肉质花梗团就会粉碎而不成形了。当然，最后剩下的主花大茎要用刀切开。

炒菜时要旺火快炒

炒菜时先熬油已经成为很多人的习惯了，要么不烧油锅，一烧油锅必然弄得厨房油烟弥漫。其实，这样做是有害的。炒菜时最好将油温控制在200℃以下，当蔬菜放入油锅时无爆炸声，避免了因脂肪变性而降低营养价值，甚至产生有害物质。

炒菜时"旺火快炒"营养素损失少，炒的时间越长，营养素损失越多。但炒比炸好，在油炸食物时，维生素 B_1 损失 60%，维生素 B_2 损失 90% 以上。特别是油温高达 355℃时，更易发生脂肪变性，产生有毒物质。

食盐和味精要出锅时再放

炒蔬菜时，应等到出锅时再放入食盐和味精。因为蔬菜内的含水量多在90%以上，放入食盐后，继续加热的同时，菜体的水分会向外渗透，导致蔬菜的鲜嫩口感变差。

最好连皮一起吃

蔬菜的营养成分大都集中在皮下，削皮会造成一定的营养损失，而自己家种出来的蔬菜绿色健康，不用担心农药残留，所以只要清洗干净表面的泥土，就可以连皮一起吃。

不要丢掉含维生素最多的部分

人们习惯性的一些蔬菜加工方式，会影响蔬菜中营养素的含量。例如，有的人为了吃豆芽的芽而将豆瓣丢掉，殊不知，豆瓣里的维生素 C 含量比芽根多 2 ~ 3 倍。

Part 2

随时可以采摘的绿色叶菜

叶菜为含维生素和矿物质最丰富的蔬菜品类。一个成年人如果每天吃500克绿色叶菜，就能满足人体所需的维生素摄入量，还能使皮肤光滑，延缓衰老。

生菜又称为叶用莴苣、西生菜，有结球生菜、皱叶生菜和直立生菜三种，营养成分丰富，脆嫩爽口，可生食、炒食或作为西餐沙拉和中餐火锅的原料。

科属：菊科莴苣属
植物类型：一二年生草本

生菜

栽培事项

光照水分	全光照，喜湿耐旱
生长适温	15 ～ 20℃
栽培周期	周年可种，播种后 40 ～ 50 天收获
栽培用土	肥沃透气的微酸性土壤
常见虫害	蚜虫

种植提示

气温高于25℃时难发芽，夏天种时需要催芽，将种子泡一晚，然后用湿纱布包好，放入冰箱的冷藏室（5℃左右），半数以上的种子露白时再播种。

|培|育|方|法|

播种

发芽

生菜种子小又轻，需拌上细沙再撒播，播后覆上 0.3 ～ 0.5 厘米的细土，盖上黑色塑料膜，保持盆土湿润，避免强光暴晒。

幼苗开始出土时，应及时揭开塑料膜，防止徒长。注意保持充足的阳光（夏天注意遮阴降温），同时保持土壤湿润就可以了。

间苗

施肥

幼苗长到 2 ~ 3 片真叶时，按株距 5 ~ 8 厘米间苗。也可等到 5 ~ 6 片真叶时移植，移前先浇透水，连根上的土一起移到大盆里。若夏天移植，移后需放在阴凉处缓苗 1 周再给予正常太阳光照。

移植后 1 周施 1 次肥，以氮肥为主，移植后 2 周和第 4 周后，再各施 1 次腐熟的有机肥或全氮磷钾为主的复合肥。采收前 2 周停止施肥。

浇水

收获

高温时早、晚浇水，土壤表面略干时，一次浇透，但忌水涝，生长前期适合控水，保持湿润即可。

播种后一个月左右即可收获，建议提前挑选大的采收。若太晚收获，生菜老化，口感硬，会失去清甜味。

健康食谱

蔬果面包沙拉

食材用料

生菜……150克

紫甘蓝……30克

全麦面包……30克

樱桃番茄……25克

胡萝卜……10克

黄油、干香葱、盐、

白酒醋、橄榄油……

各适量

制作方法

1 全麦面包切块。

2 紫甘蓝洗净，切丝；生菜洗净，撕成片。

3 胡萝卜洗净，切丝；樱桃番茄洗净。

4 取平底锅，放入黄油，加热至融化，放入全麦面包。

5 撒上盐、干香葱，煎至面包变黄，取出。

6 取一盘，放入所有食材，淋上白酒醋、橄榄油，搅拌均匀即可。

小白菜是含维生素和矿物质最丰富的蔬菜之一，它纤维少，质地柔嫩，味清香，但不宜生食，烹饪中用于炒、拌、煮等，并常作为白汁或鲜味菜肴的配料。

科属：十字花科芸薹属
植物类型：一二年生草本

小白菜

栽培事项

光照水分	全光照，喜湿润
生长适温	20 ~ 25℃
栽培周期	周年可种，播种后 25 ~ 30 天收获
栽培用土	菜园土、腐叶土加有机肥配制的营养土
常见虫害	斜纹夜盗虫、蚜虫

种植提示

消灭蚜虫小妙招：

橘皮 1 千克、辣椒 0.5 千克，捣碎，

与 10 千克清水煮沸，浸泡 24 小时，

用过滤后的浸出液喷施，效果显著。

|培|育|方|法|

播种

土壤浇透水，种子撒播，再覆土约1厘米，盖上薄膜，避免烈日暴晒。浇水时水流要慢，以防把种子冲到一块儿。

发芽

每天早、晚各浇1次水，保持土壤湿润，2 ~ 3天便可发芽。发芽后放在阳光充足的地方，长势整齐且防止徒长。

间苗

真叶长出2~3片时，小苗拥挤在花盆中，缺乏光照，这时以株距3~5厘米进行间苗。轻轻挖出小苗后，再用勺子补充土壤并覆平表面。

施肥

小白菜生长周期短，夏天种植20天左右就能收获，播种前若已经在土中拌入有机肥，后期到采收就不用再追肥了。

浇水

浇水以早、晚进行最好，不可以在过热的中午浇水，浇过水后待水渗入土壤不黏时，用小耙松松土，也能将杂草一并除掉。

收获

花盆里营养有限，小白菜不会长到市场上那么大，植株长到15厘米左右即可采收。可在采收前两天充分浇水，增加叶片脆度和口感。

圣女果蔬菜沙拉

食材用料

圣女果……100 克

紫甘蓝……20 克

小白菜……20 克

洋葱……100 克

橄榄油……适量

盐……适量

苹果醋……适量

制作方法

1 将圣女果洗净，对半切开。

2 紫甘蓝洗净，切成条。

3 小白菜择洗干净。

4 洋葱洗净，切成圈。

5 取一只碗，倒入圣女果、紫甘蓝、小白菜、洋葱。

6 淋入橄榄油。

7 再放入盐和苹果醋，搅拌均匀即可。

莜麦菜又叫苦菜、牛俐生菜，是以嫩梢、嫩叶为产品的尖叶型叶用莴笋的一种。可清炒或做汤，吃起来嫩脆爽口，受人喜爱，有"凤尾"之称。

科属：菊科莴苣属
植物类型：二年生草本

莜麦菜

栽培事项

光照水分	不能暴晒，喜湿润
生长适温	20 ~ 25℃
栽培周期	周年可种，播种后 30 天收获
栽培用土	肥沃沙壤土
常见虫害	蚜虫

种植提示

莜麦菜病虫害较少，生长迅速，对水分与肥料的要求很高，在排水良好的沙壤土中生长最好，忌积水，要定期追肥，在采收前一周停止施肥。

|培|育|方|法|

播种

发芽

夏秋季播种需催芽处理，种子用清水浸泡后放在20℃的环境里催芽2～3天。出芽后播于浇透水的土面，覆薄土后盖上薄膜。

保持盆土湿润；苗期稍耐寒不耐热，夏季避免强光暴晒，需要遮阴。

真叶长出2~3片时开始间苗，以株距3~5厘米为宜，用剪刀将小苗弱苗从基部剪下，不要弄伤其他植株。间苗后浇透水。

莜麦菜生长速度快，需肥量较大，一般每7～10天喷施1次以氮肥为主的腐熟有机肥，以促进叶片生长。

在生长旺盛期给予充足水分，通常每天浇水1次，夏日蒸发量大时，早、晚各浇水1次，南方阴雨天适当减少浇水次数。

待叶片充分长大即可采收，通常在早晨采收，将外围厚实脆嫩的叶片掰下即可。采收后，待伤口晾干可追施1次腐熟有机肥，以促进新叶萌发，一段时间后可再次采收。

莜麦菜烧豆腐

食材用料

豆腐……200克
莜麦菜……100克
蒜末……少许
盐……3克
鸡粉……2克
生抽……5毫升
水淀粉……适量
食用油……适量

制作方法

1 将洗净的莜麦菜切成段，洗好的豆腐切开，再切成小方块。

2 锅中注入适量清水烧开，加入少许盐，放入豆腐块，轻轻搅匀，煮约半分钟，捞出煮好的豆腐，沥干水分，待用。

3 用油起锅，放入蒜末，爆香，倒入切好的莜麦菜，用大火翻炒至其变软。

4 倒入焯过水的豆腐块，注入少许清水，煮至汤汁沸腾。

5 淋入生抽，加入盐、鸡粉，轻轻翻动，用中小火煮约1分钟，至食材熟软。

6 转大火收汁，倒入水淀粉，快速翻炒至食材熟透即成。

科属：藜科菠菜属
植物类型：一年生草本

一说起菠菜，就想到了"大力水手"，可见其营养丰富。菠菜富含类胡萝卜素、维生素C等多种营养素，常吃菠菜有助于提高记忆力，还可保护视力。

菠菜

栽培事项

光照水分	半日照，喜湿润
生长适温	15 ~ 20℃
栽培周期	3 ~ 11 月均可播种，播种后 30 ~ 40 天收获
栽培用土	忌酸性土壤
常见虫害	蚜虫、小菜蛾、夜盗虫

种植提示

菠菜种子的发芽率受温度影响较大，气温 4℃即可发芽，温度越高，发芽率越低，需要的时间也越长。种子若未经催芽处理，至少需要 15 天才能发芽。

|培|育|方|法|

播种

发芽

播种前将种子放在温水中，待种子露白时撒播，覆土 0.5 厘米，盆上覆塑料薄膜。若想出苗整齐美观也可条播。

菠菜不耐暴晒，夏天需要遮光处理。适当控水，避免苗期徒长。

间苗

菠菜长出 2 ~ 3 片真叶时，将过于密集的
和长势弱的苗拔除或剪除，苗间距以 5 厘
米左右为宜。

施肥

菠菜追肥先淡后浓，前期多施腐熟鸡粪肥，
生长盛期可施尿素追肥。每次施肥后要浇
清水，以促生长。

浇水

苗期浇水应在早晨或傍晚进行，避免正午
太阳正烈时浇水，坚持"小水勤浇"原则，
同时还要记得保持土壤湿润。

收获

播种后 40 天左右即可采收，先采收比较大
的，若苗长得比较密，可在生长期分次采
收。若要留种，当种株有 1/3 ~ 1/2 变黄时，
就应全部收获。

法式洛林咸派

食材用料

白洋葱……1/2 个

菠菜……50 克

培根……60 克

口蘑……4 朵

鸡蛋……1 个

鲜奶油……100 克

牛奶……30 毫升

帕马森干酪……30 克

橄榄油、盐、胡椒

粉……各少许

制作方法

1 将培根切成 1 厘米厚片；口蘑切薄片。

2 菠菜切段；白洋葱切粗末；干酪刨丝，备用。

3 橄榄油倒入煎锅后以中火加热，培根下锅拌炒片刻。

4 加入口蘑、白洋葱，继续翻炒，直至炒软。

5 再加入菠菜翻炒，加入盐、胡椒粉调味后取出备用。

6 将鸡蛋、鲜奶油、牛奶、盐、帕马森干酪倒入搅拌盆中，用打蛋器或羹匙混合均匀，制成酱料。

7 烤箱预热至 190℃，在煎盘上刷上一层薄薄的奶油，倒入炒好的食材铺平。再加入酱料，烤 30 分钟即可。

苋菜自古就作为野菜食用，其富含膳食纤维，常食可以减肥轻身，促进排毒，防止便秘，因此有"六月苋，当鸡蛋，七月苋，金不换"的俗语。

科属：苋科苋属
植物类型：一年生草本

苋菜

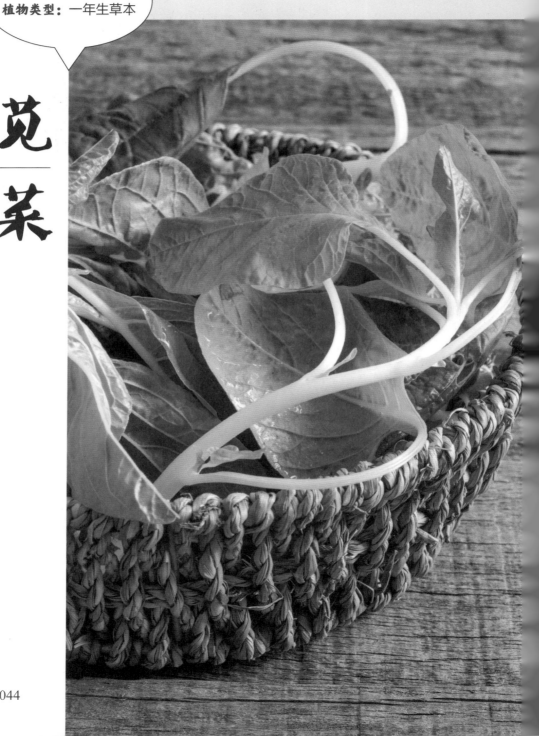

栽培事项

光照水分	全光照，耐旱不耐涝
生长适温	23 ~ 27℃
栽培周期	周年可种，春播最好，播种后30天左右收获
栽培用土	肥沃疏松的壤土
常见虫害	根结线虫病

种植提示

若苋菜地上部分表现矮小，生长衰弱，叶色变浅，扒开土壤见根上有大小不等的瘤状物，则可判定感染根结线虫病，应及时拔除植株，暴晒土壤杀菌。

|培|育|方|法|

播种

发芽

一般采用直播，先将培养土浇透水，水下渗后，将种子均匀撒播在培养土上，覆上一层薄土。

夏秋季播种苋菜，出苗只需2~3天，出苗后，需大量浇水，保持土壤湿润；冬季、早春则需3~7天出苗。

一般在幼苗长出 2 ~ 3 片真叶时可进行间苗，这样能保证苋菜营养和水分供应充足。再长大些也可再次间苗，将弱株病株拔除。

出苗后适量减少浇水量，宜小水勤浇。幼苗期缺水容易萎蔫，夏季需加大浇水量，保持盆土湿润。

齐苗后浇施 1 次 0.2% 的尿素水溶液；间苗后可追第 1 次肥，过 10 ~ 12 天追第二次肥。缺肥会导致苋菜叶片失绿变黄。

苋菜生长期短，30 天左右便能采收，若不及时采收，茎叶过硬，口感变差。

苋菜鸡卷

♨食材用料

鸡腿……150克

苋菜……100克

盐……2克

生抽……5毫升

胡椒粉……3克

♨制作方法

1 将洗净的鸡腿切开去骨，切上"一"字刀。

2 切好的鸡腿肉装碗，放入生抽、盐、胡椒粉，拌匀，腌渍20分钟至入味。苋菜洗净放沸水中焯1分钟至断生，捞出备用。

3 取一张锡纸，平铺在案台上，放入一块腌好的鸡腿肉，铺上一半焯好的苋菜。

4 卷起鸡腿肉，用锡纸包裹住食材，制成鸡卷生坯，用线绳绑住。

5 电蒸锅注水烧开，放入两个鸡卷生坯，加盖，蒸20分钟至熟透。

6 撕开锡纸，将其中一个鸡卷切厚片，将切好的鸡卷片装盘，再摆放上另一个完整的鸡卷即可。

空心菜原名蕹菜，所含的烟酸、维生素 C 等能降低胆固醇、三酰甘油，具有降脂减肥的功效。空心菜中的叶绿素有"绿色精灵"之称，可洁齿防龋除口臭，养护皮肤。

科属：旋花科番薯属
植物类型：一年生草本

空｜心｜菜

栽培事项

光照水分	全光照，喜湿不怕涝
生长适温	20 ~ 35℃
栽培周期	南方周年可种，播种后 25 ~ 30 天收获
栽培用土	肥沃的营养土
常见虫害	菜青虫、蚜虫

种植提示

空心菜可扦插栽培，插穗以四节为宜，并留最上一节的叶片，其余摘除，将基部两节直插入土壤中，立即浇水，促进成活。约1周后，植株即生根。

|培|育|方|法|

播种

发芽

空心菜种皮较厚，可用温水浸泡催芽，出芽后均匀撒播并覆土 1 ~ 2 厘米。浇透水，约 1 周发芽，其间必须保持土壤湿润。

播种后 8 ~ 10 天，芽苗长到 6 ~ 8 厘米时，应适度加大浇水量和光照，以保证叶子展开，脱掉空心菜种子的外壳。

间苗

齐苗后开始间苗，保持苗间距为2厘米，空心菜适合密植。苗上若还有种壳，可用手轻轻取下，以免影响叶片舒展。

施肥

喜肥，宜下足基肥。施肥以氮肥为主，3～5片真叶时施稀薄的腐熟有机肥1次，而后每10天施1次腐熟有机肥，或每次采摘后追肥1次。

浇水

要保持土壤湿润，干旱则会影响口感，需每天浇水。水耕在定植后水深2～3厘米，随长势和气温升高，水深应逐步加到约10厘米，温度低时须降低水的深度。

收获

空心菜高25～35厘米时即可采收，基部留2～3节，剪下嫩梢。生长期可多次采收，每采收3～4次后要对植株进行1次重剪，只保留基部的1～2个节，并疏去一些过弱的侧枝。

健康食谱

腰果炒空心菜

食材用料

空心菜……200克

腰果……20克

蒜末……适量

盐……2克

鸡粉……2克

橄榄油……适量

食用油……适量

红椒丝……适量

制作方法

1 热锅注油，烧至三四成热，放入腰果，炸至微黄色。

2 将炸好的腰果捞出，装盘备用。

3 用橄榄油起锅，放入蒜末，爆香。

4 倒入洗净切好的空心菜，炒匀。

5 加入盐、鸡粉。

6 炒至空心菜熟软。

7 关火后盛出炒好的食材，装入盘中。

8 摆上炸好的腰果和红椒丝即可。

上海青也叫青江菜，是华东地区最常见的小白菜品种。其叶少茎多，叶柄肥厚，青绿色，株型束腰，美观整齐，纤维细，味甜口感好，最适合炒食。

科属：十字花科芸薹属
植物类型：一年生草本

上海青

栽培事项

光照水分	全光照，土壤需排水良好
生长适温	18～20℃
栽培周期	播种以9～10月为宜，播种后30～35天收获
栽培用土	壤土或沙壤土
常见虫害	蚜虫、小菜蛾、夜盗虫

种植提示

上海青植株对低温的反应较敏感，当遇低温时，花芽开始分化，叶片就会停止生长，此时应及时剪除花茎，盖上薄膜进行保温。

|培|育|方|法|

播种

发芽

先将栽培土浇透水，均匀撒播种子，稍覆土，盖住种子即可。选用的花盆底部孔洞较大，利于排水，避免积水。

在出苗前每天早晚喷水，保持土壤和空气湿润，一般2～3天发芽。

真叶长出 1~2 片时间苗，间距 3 ~ 5 厘米为宜，气温高时间距可小些，气温较低时间距稍大些。

浇水时需加少量复合肥。小苗出 5 ~ 6 片真叶后，每隔 5 天追肥 1 次。也可随浇水喷施 1 次稀薄的腐熟有机肥。

幼苗期需保持土壤湿润，气温较高时早、晚各浇水 1 次。

10 片真叶时，就可采收了，直接拔出或者用剪刀从基部剪下即可。

上海青炒虾

食材用料

基围虾……200 克

上海青……90 克

朝天椒圈……少许

姜末……少许

盐……2 克

黑胡椒粉……2 克

椰子油……3 毫升

制作方法

1 洗净的上海青切去根部。

2 洗好的基围虾去头、去壳，装碗。

3 基围虾中放入盐、姜末，拌匀，腌渍至入味。

4 锅置火上，放入椰子油烧热，加入朝天椒圈，爆香。

5 倒入腌渍好的基围虾，翻炒 2 分钟至弯曲、转色。

6 倒入切好的上海青，用大火快速翻炒约 1 分钟至熟软。

7 倒入黑胡椒粉，炒匀调味。

8 关火后盛出菜肴，装盘即可。

Part 3

硕果累累的
新鲜瓜果菜

硕果累累的瓜果菜，颜色缤纷多彩，形态
憨掬可爱，翠嫩的黄瓜、鲜红的番茄、火
红的辣椒、酸甜的草莓。我们可在阳台尽
情享受最香甜的瓜果滋味。

草莓口感酸甜，营养价值很高，被誉为"水果皇后"，维生素C含量比苹果、葡萄高7～10倍。既然草莓好吃又有营养，那就赶快种起来吧！

科属：蔷薇科草莓属
植物类型：多年生草本

草莓

栽培事项

光照水分	全光照，需水量大
生长适温	15 ~ 22℃
栽培周期	播种以春秋季为宜，开花后 55 ~ 60 天收获
栽培用土	肥沃疏松的中性或微酸性壤土
常见虫害	蚜虫、白粉虱、螨类、线虫等

种植提示

"个头大"的草莓打了激素吗?
专家表示，草莓的个头大主要是种植技术和品种造成的，仅仅打激素使草莓变大其实并不科学。

|培|育|方|法|

移栽幼苗

肥水管理

草莓的葡匐茎可以扦插繁殖，也可以买草莓苗移栽。修剪掉大的叶片，挖好坑，将草莓根系埋进去，浇透水，放在阴凉处缓苗。

栽后 1 周内早、晚各浇 1 次水，土壤保持湿润。草莓从定植到开花结果需要较多的肥，要施足基肥，还要适时补充肥料。

中耕除草

摘除走茎

定植后要及时松土除草，注意不要弄伤草莓根系。也可覆上一层地膜，既能保湿保肥，还能防杂草防虫害。

草莓走茎过多会消耗植株的营养和水分，需要剪除部分走茎，才能确保果实长得饱满硕大。

人工授粉

收获

昆虫在阳台活动较少，因此自然授粉的机会不多，需要借助人工授粉，用棉签轻刷花朵中央即可完成授粉。

一般的草莓品种四五月份成熟，四季草莓一年四季陆续成熟。一般开花后一个月，草莓整体变红就可以采摘了。

健康食谱

荷兰松饼

食材用料

中筋面粉……125 克

鸡蛋……2 个

草莓……适量

黄油……2 大勺

牛奶……125 毫升

砂糖……1.5 大勺

糖粉……适量

盐……1/4 小勺

制作方法

1 烤箱预热至 230℃，把黄油放在铸铁锅中，一起放进烤箱。

2 用打蛋器将鸡蛋与砂糖稍稍打发至有小泡泡。

3 加入中筋面粉、牛奶、盐，搅拌均匀。

4 把铁锅从烤箱中取出，均匀刷上一层黄油，并将面糊迅速倒入锅中。

5 轻轻晃动后再放入烤箱，烤约 15 分钟至面糊膨起呈金黄色。

6 烤好的松饼摆放上草莓并撒上糖粉做装饰即可。

番茄营养丰富，可以生食、煮食，也可加工制成番茄酱。据测，每人每天食用 50 ～ 100 克鲜番茄，即可满足人体对几种必需维生素和矿物质的需求。

科属：茄科茄属

植物类型：一年或多年生草本

番茄

栽培事项

光照水分	全光照，耐旱不耐涝
生长适温	20 ~ 25℃
栽培周期	春秋两季播种，开花后 30 天左右收获
栽培用土	肥沃疏松的壤土
常见虫害	棉铃虫、白粉虱

种植提示

番茄生吃能补充维生素 C，熟食能补充抗氧化剂。虽然加热过程中维生素 C 确有损失，但番茄加热后抗氧化剂活性得到了提高，使抗衰老能力增强。

|培|育|方|法|

播种

定植

先用温水浸种催芽，待种子露白后就可以播种了。每 10 ~ 15 厘米播一粒种子，覆土 0.5 厘米，盖上塑料薄膜。

选择晴朗温暖的天气操作。待幼苗长出 7~8 片真叶时移栽，一般选择浅栽。带土移栽不易伤根，压实土壤，随即浇水。

定植后 2 ~ 3 周，幼苗长大，需要立一个支架做牵引，绑蔓时注意不能绑得太紧，要留有空隙使番茄茎持续增粗。

夏季过后，若主枝过高，会抑制植株整体的生长势，须将主枝的顶去掉。在整个生长期内都要将侧芽抹除，促进开花结果。

开花后，用毛笔或棉签在花上轻轻扫动，注意每朵花都扫一下，起到辅助授粉的作用，可提高坐果率。

一般 55 ~ 60 天就可以采收了，等蒂头附近变红，用剪刀从蒂头上直接剪下番茄。建议在早晨较凉爽的时候采摘。

健康食谱

番茄红酒炖牛肉

食材用料

牛腱子肉……400克

番茄、洋葱……各1个

土豆……1个

西芹、胡萝卜……各1根

口蘑……10个

番茄红酱……1大勺

橄榄油、百里香、蒜、

黑胡椒、盐……各适量

面粉、高汤、红酒……

各适量

制作方法

1 牛肉洗净擦干切大块，两面拍上面粉；洋葱、西芹、胡萝卜、土豆切滚刀块；口蘑切厚片；番茄洗净切大块；蒜拍碎切末。

2 烤箱预热至220℃。取锅加入橄榄油，放入牛肉，以中火将两面煎至上色后取出，备用。

3 转中小火，将洋葱先炒软，再加入胡萝卜、西芹、蒜末，最后加入番茄红酱及番茄块，炒至番茄出水变软。

4 铺上牛肉，撒上面粉，送入烤箱烤5分钟。

5 取出锅，倒入红酒、高汤，加入百里香、黑胡椒、土豆块，并以中火煮滚。

6 送回烤箱以150℃烤2小时，1小时后打开放入口蘑，搅拌均匀，烤完后取出，再加盐调味即可。

圣女果又名珍珠果、樱桃番茄，它既是蔬菜又是水果，不仅色泽艳丽、味道可口，而且其维生素含量是普通番茄的1.7倍，可以在凉菜中或清汤里加入。

科属： 茄科番茄属
植物类型： 一年或多年生草本

圣女果

栽培事项

光照水分	全光照，水分充足
生长适温	20 ~ 28℃
栽培周期	3 ~ 6 月播种育苗，开花后 40 ~ 45 天收获
栽培用土	疏松肥沃的壤土或沙壤土
常见虫害	蚜虫

种植提示

若光照不足，植株花芽分化不完全，圣女果开出的花朵便会发育不良，呈萎缩状，才刚开便会掉落，阳台种植时，加强光照和营养补充便能减少落花。

|培|育|方|法|

播种

间苗

先浸种催芽，于种子露白后播种。土壤浇透水，施足基肥，按5厘米间距播种，覆薄土。直接用市售的幼苗移栽成功率更高。

长出1片真叶时间苗，可剪去密集处的小苗，也可选取健壮的植株带土移栽，压实土壤，浇透水，避免阳光直晒，以促进缓苗。

圣女果株型较小，可任其自由生长，插上一根立柱，起到牵引作用。第一朵花下的侧芽要全部抹去。摘除果穗以下的老叶，可增强光照、促进通气、防止病害发生。

采用电动振荡器授粉，也可用棍子轻轻拍打植株，若遇到连续阴天多雨天气，授粉效果差，可喷防落素防止落花落果。

果实开始变大后可以开始追肥，往后每3周追1次肥。在采收前果时，每采收2～3蓬果实，依生长势强弱，追施液肥2～3次，但要适量增施钾肥。

等到圣女果完全变红之后就可以采收了，要从成熟的果实开始依顺序采收，用手轻轻一掰就能摘下，也可用剪刀剪下。

健康食谱

甜玉米圣女果沙拉

食材用料

甜玉米……100克

圣女果……50克

绿彩椒……20克

红彩椒……20克

黄瓜……60克

胡萝卜……90克

小白菜叶……适量

橄榄油、柠檬汁、苹

果醋、盐……各适量

制作方法

1 将甜玉米洗净，刨出玉米粒，放入锅中，注水煮熟，捞出，沥干水分。

2 玉米粒过一遍凉水，沥干水分，待用。

3 圣女果洗净，切瓣。

4 黄瓜、胡萝卜洗净，切丁。

5 将红彩椒、绿彩椒去籽，再改切成丁。

6 将以上食材装入碗中。

7 加入橄榄油、柠檬汁、盐、苹果醋，拌匀。

8 饰以小白菜叶即可。

甜瓜又称香瓜，闻起来有股香甜味，可加工制成瓜干、瓜脯、罐头等食品。适量食甜瓜，有利于人体心脏、肝脏以及肠道的活动，促进内分泌和造血功能。

科属：葫芦科黄瓜属
植物类型：一年生蔓生草本

甜瓜

栽培事项

光照水分	全光照，耐旱不耐涝
生长适温	25 ~ 30℃
栽培周期	周年可种，播种后 4 ~ 5 个月收获
栽培用土	透气性好的沙壤土
常见虫害	蚜虫

种植提示

为了避免甜瓜根系在狭小的花盆中密闭腐烂，同时防止甜瓜在花盆的边缘滑落或生长畸形，可以在甜瓜的底部垫上干草等，起到稳固和保护作用。

|培|育|方|法|

播种

先用温热水催芽，出芽的种子直接撒播到土中，再覆盖一层薄土，浇水至土壤湿润，4~6天即可发芽。

间苗

在幼苗刚长出真叶时间苗，也可在长出4片真叶时定植，将幼苗带土挖出，移栽到挖好的坑里，填土后浇透水。

搭架

甜瓜是藤蔓植物，阳台空间有限，可以设立支架，帮助甜瓜藤生长，也利于藤蔓通风透光。将支架弯曲插入土中，可减少占用空间，装饰阳台也十分美观。

引蔓

将甜瓜藤顺着藤蔓的生长方向缠绕在支架上，切勿折伤植株。若甜瓜卷须、缠绕力不足，可用绳子辅助绑蔓。

肥水管理

甜瓜生长季需肥量很大，除施足底肥外，还要进行追肥，一般多施磷钾肥，少施氮肥。甜瓜比较耐旱，播种后不需要经常浇水，土壤干时一次浇透。

收获

播种四五个月后终于到了收获的时候，成熟的甜瓜会散发香甜味，果皮有光泽，若采收过早，则果肉生涩，口感差。

健康食谱

甜瓜苹果沙拉

食材用料

甜瓜……150克

苹果……100克

黄瓜……50克

紫甘蓝……适量

生菜……适量

柠檬汁……适量

沙拉酱……适量

制作方法

1 甜瓜洗净去皮，切成块。

2 苹果洗净切成块，泡入清水中，淋入柠檬汁防止氧化。

3 黄瓜洗净，切成丁。

4 紫甘蓝洗净，切丝。

5 将甜瓜块、苹果块、黄瓜丁、紫甘蓝丝倒入大碗中，淋入沙拉酱，拌匀。

6 取一盘，放入洗净的生菜，倒入碗中的沙拉即可。

黄瓜别名胡瓜、青瓜，汉朝张骞出使西域时传入中原。黄瓜皮所含营养素丰富，夏天生食黄瓜，清凉解渴，还有减肥功效。

科属：葫芦科黄瓜属
植物类型：一年生蔓生或攀援草本

黄瓜

栽培事项

光照水分	全光照，水分充足
生长适温	10 ~ 32℃
栽培周期	播种以春季最佳，移栽后约 30 天收获
栽培用土	富含有机质的肥沃土壤
常见虫害	蚜虫、白粉虱

种植提示

植物生长调节剂对人体有危害吗？
过量使用会引起植物的果实畸形，但对
人不产生作用，合格的植物生长调节剂
在安全用量的情况下是没有问题的。

|培|育|方|法|

播种

间苗

先用温水浸种催芽，待种子露白就可以播种了。5 ~ 7 天即可萌芽，发芽后移到有阳光的地方，但不能在强光下暴晒。

当苗长出5 ~ 6片真叶时就可进行间苗了，把弱苗病苗拔掉，只需留下一两株健壮的苗继续生长。

搭架

等到植株长到高约 15 厘米，黄瓜卷须出现时就要搭人字架引蔓。还要及时绑蔓，每隔 3 ～ 4 个叶绑 1 次，蔓在竿架上呈"8"字形环绕，可防止茎蔓下滑。

摘心抹芽

当黄瓜主蔓爬到架顶后就要及时摘心，多在长足 30 ～ 35 片叶时进行，摘心可促进回头瓜生长。只保留一条黄瓜主蔓，将其余侧芽抹除。

肥水管理

施足基肥才能保证黄瓜生长更佳。基肥以腐熟的有机肥为主，结果期则要结合浇水进行施肥，每隔 5 ～ 7 天追施 1 次复合肥即可。

收获

嫩果一般在雌花开花后 7 ～ 15 天采收，分多次采摘。第一批果实要趁小采摘，以免给果实造成太大的负担，之后的果实长到 18 ～ 20 厘米后再采收。开始收成后每隔 2 周施 1 次肥。

黄瓜鸡蛋三明治

食材用料

杂粮吐司……2 片
蛋白……100 克
黄瓜……50 克
香菜……少许
沙拉酱……适量
橄榄油……10 毫升

制作方法

1 杂粮吐司切去四边。

2 黄瓜洗净，切成薄片待用。

3 在烧热的锅中注入橄榄油，将蛋白倒入锅中，快速翻炒成小块状盛出。

4 将一片杂粮吐司平铺，挤上沙拉酱，再平放上蛋白。

5 在蛋白上挤上沙拉酱，将黄瓜片放到鸡蛋上。

6 挤上沙拉酱，将另一片杂粮吐司放到最上面。

7 将三明治放到案板上，用刀对角切开，盛入盘中，点缀上香菜即可。

苦瓜被誉为"君子菜"，有"不传己苦与他物"的品质，就是与其他任何菜同炒同煮，也绝不会把苦味传给对方。

科属： 葫芦科苦瓜属
植物类型： 一年生攀援状柔弱草本

苦

瓜

栽培事项

光照水分	全光照，喜湿怕涝
生长适温	10～35℃
栽培周期	周年可种，7～8月最佳，开花后20天左右收获
栽培用土	肥沃疏松的土壤
常见虫害	瓜蚜、蓟马、白粉虱和斜纹夜蛾等

种植提示

苦瓜起源于热带，生长需较高的温度，开花结果的最适温度为25℃左右，在14～25℃范围内，温度越高越有利于苦瓜的生长发育，结果早，产量也高。

|培|育|方|法|

播种

定植

苦瓜种皮较厚，需先浸种催芽后再播，种子露白后用点播法播种，每个洞里播两颗种子，覆土后浇透水，并覆盖保鲜膜，较高的温度可促使种子早出苗。

苗长出3～4片真叶的时候可以定植，在定植的土壤中施足基肥。带土挖出直接移栽在大盆中，浇透水，施适量的腐熟有机肥。在生长期一般1～2周施1次有机肥。

搭架

开始牵蔓的时候要搭立一个支架做诱引，将藤蔓缠绕到支架上，之后就会自然向上攀爬，注意不要让藤蔓互相缠绕。

人工授粉

在花期时要进行人工授粉，建议选择上午的 8 ～ 10 点，将雄花花粉抹到雌花柱头上就完成了人工授粉。

肥水管理

施肥应掌握"苗期轻施，花果期重施"的原则，可多施氮肥，授粉后，适当增施磷钾肥。晴天蒸发量大，需及时灌水。

收获

花开后 20 天，果实呈鲜嫩的绿色，长度约 20 厘米，这时候就可以采收了，采摘时直接剪下蒂头即可。

苦瓜炒蛋

食材用料

苦瓜……450 克

鸡蛋……2 个

红椒片……少许

葱段……少许

盐……3 克

白糖……适量

食用油……适量

制作方法

1 将洗净的苦瓜切开，去瓢，再将苦瓜切成片，装入盘中。

2 将鸡蛋打入碗中，加入少许盐，用筷子顺着一个方向打散。

3 热锅注油，倒入蛋液，拌炒至熟，盛出备用。

4 用油起锅，倒入苦瓜、红椒片、葱段，翻炒至熟。

5 加入盐、白糖，拌炒至入味。

6 倒入炒好的鸡蛋，快速拌炒匀。

7 将炒好的苦瓜鸡蛋盛出装盘即可。

辣椒在明朝时期传入我国。它之所以如此受欢迎，不仅仅是其辣味能够刺激我们的食欲，它还能排湿祛寒，对治疗消化不良也有很好的效果。

科属：茄科辣椒属
植物类型：一年生草本或多年生灌木

辣——椒

栽培事项

光照水分	全光照，不耐旱不耐涝
生长适温	15 ~ 34℃
栽培周期	春季转暖后播种，定植后 45 天左右收获
栽培用土	泥炭土、园土和沙土混合的营养土
常见虫害	蚜虫、潜蝇虫

种植提示

辣椒的生长需充足的光照，否则会出现生长缓慢和枯萎的现象，但到了冬季，若室外温度降至 10℃以下时，就要移到室内保暖越冬。

|培|育|方|法|

播种

定植

种子浸于温水中 20 分钟后播种。栽培土浇透水后，把种子均匀撒播在土面上，覆土约 1 厘米，一般 5 ~ 8 天后可发芽。

苗长出 3 ~ 4 片真叶时选择温暖的晴天进行定植，植株的种植密度为 10 ~ 15 厘米。移植后浇透水。

整枝

当植株开花后，需要把第一朵花下的新芽全部切除，并剪掉内膛枝、老病残枝，使内膛通风透光。

立支柱

挑选长度为60厘米左右的竹竿垂直插在盆土中，用绳子将植株固定在竹竿上可防倒伏。若植株生长粗壮也可不用支柱。

肥水管理

幼苗初期要控制好浇水的量，土壤不干不浇；移植后每天或者隔天浇水，每隔15天左右追1次肥。

收获

待果实充分膨大、色泽青绿时就可以采收了，也可以等到果实变成黄色或者红色时再采收。建议分多次采收。连着果柄一起摘下。

健康食谱

辣子猪肉

食材用料

猪瘦肉……250 克

红彩椒……30 克

干辣椒……少许

熟白芝麻……少许

葱花……少许

盐、鸡粉……各 2 克

生抽、水淀粉、胡椒粉、

食用油……各适量

制作方法

1 洗净的红彩椒切条。

2 猪瘦肉切成块，加入盐、生抽、水淀粉拌均匀。

3 锅中注油，烧至五成热，倒入猪瘦肉，滑油片刻，捞出。

4 热锅注食用油，放入干辣椒，炒出香味，倒入猪瘦肉，翻炒入味，放入红彩椒，翻炒均匀。

5 加入生抽、鸡粉、胡椒粉炒匀，淋入水淀粉，翻炒至食材入味。

6 盛出，撒上葱花、熟白芝麻即可。

西葫芦含有较多维生素C、葡萄糖等营养物质，尤其是钙的含量极高。因其皮薄、肉厚、汁多、可荤可素、可菜可馅而广受大众欢迎。

西

葫

芦

栽培事项

光照水分	全光照，喜湿润
生长适温	20 ～ 25℃
栽培周期	周年可种，春季最佳，播种后60天左右收获
栽培用土	土层深厚的壤土
常见虫害	蚜虫、白粉虱、红蜘蛛、美洲斑潜蝇

种植提示

若食用时发现西葫芦有苦味，则可能是因含有苦味物质"葫芦素"，请勿食用；西葫芦不宜生吃，烹调时不宜煮得太烂，以免营养损失。

|培|育|方|法|

播种

间苗

种子先用冷水浸泡，再用温水催芽，种子芽长约1.5厘米时，选择温暖晴朗的天气播种，播后覆土1～2厘米，浇足水。

苗长出3～4片真叶时进行间苗，一盆只留下一株生长健壮的幼苗即可。对于其他生长健壮的苗可选择移栽。

藤蔓越来越长时，要搭立一根支架做诱引，把母蔓牵引到支架上让其攀爬。

生长期叶子生长快速，建议1周修剪1次老叶，以防止病虫害，同时有利于植株通风。在上午9时左右，把正开放的雄花采下，剥去花冠，露出雄蕊，在雌花柱头涂抹数次即可。

定植时对土壤施足基肥，生长期1周施肥1次，勤施薄肥，保持盆土湿润。

西葫芦的生长周期较短，60天左右就可以采收嫩果食用。采摘时不要损伤主蔓，瓜柄尽量留在主蔓上。每摘一二次瓜，追肥1次。

健康食谱

普罗旺斯炖菜

食材用料

番茄……2 个

白洋葱……1 个

西葫芦……2 根

茄子……1 根

红甜椒……1 个

番茄红酱……1 大勺

橄榄油……1 大勺

迷迭香、盐、蒜、

黑胡椒、月桂叶……

各适量

制作方法

1 番茄切块，西葫芦、茄子、白洋葱洗净切薄片，茄子切片放进盐水中，防止氧化。红甜椒去籽切丝；蒜切末。

2 锅里热橄榄油，中小火炒香蒜末、白洋葱，放入月桂叶、番茄红酱及番茄块炒成糊状。再加入盐及黑胡椒调味。

3 把西葫芦及茄子片交互堆叠，整齐地摆放在锅里的番茄酱上。

4 排好后再放入红甜椒，淋上橄榄油，撒上迷迭香。

5 烤箱预热至 180℃。锅加盖送入烤箱烤 30 分钟，开盖以 200℃烤 30 ~ 40 分钟至蔬菜软化及微焦。

6 烤后留置于烤箱里 30 分钟，取出以盐调味即完成。

豇豆可制成干品收藏，用刚刚采摘的新鲜豇豆，经沸水煮至熟而不烂时捞出沥干，在太阳下晒干。用时经凉水浸泡至软，其味甘而鲜美，回味无穷。

科属：豆科豇豆属
植物类型：一年生缠绕草本

豇豆

栽培事项

光照水分	中光性，喜湿润
生长适温	20 ~ 25℃
栽培周期	南方春、夏、秋三季栽培，播种后 60 天左右收获
栽培用土	疏松排水好的土壤
常见虫害	蚜虫、豆野螟

食用提示

生豇豆中含有溶血素和毒蛋白，食用生豇豆容易引起腹部不适、呕吐等中毒症状。因此，烹饪时一定要保证豇豆熟透，有害物质就会分解为无毒物质。

|培|育|方|法|

不需要浸种催芽，豇豆也能很好地发芽。播种前认真筛选，剔除秕粒、半粒、病粒和杂质，提高发芽率。

播种后浇足水，5 ~ 8 天可发芽。发芽后控制水分，防止豇豆苗徒长。

间苗

长出 2 片真叶时开始间苗，每个穴留两株幼苗。待到 3 ~ 4 片叶时每穴只留一株健壮苗。如果需要移植，一般在发芽之后的 3 ~ 4 周就可以定植了。

搭架

当苗长出 25 ~ 30 厘米时，用支架引蔓，初期茎蔓的缠绕力不强，可以用麻绳辅助固定。

肥水管理

开花后开始结荚，结荚后要注意肥水管理，土壤要保持湿润，并追肥 2 次。采收期可以增施复合肥，促进豇豆继续结荚。

收获

开花后 7 ~ 10 天，豆荚饱满后就可以采收啦。若没有及时采摘，豆荚会发白，可以轻松地将豆子剥出来，种子可以煮食也可以留种。

意式蔬菜汤配法棍

食材用料

土豆、胡萝卜、彩
椒……各150克
西红柿、西芹、洋葱、
豇豆……各50克
罐装眉豆……60克
蔬菜高汤……500毫升
橄榄油、盐、番茄酱、
蒜末……各适量
薄荷叶……少许
烤法棍……适量

制作方法

1 土豆洗净，去皮切丁；胡萝卜洗净，去皮切片，待用。

2 彩椒洗净，去籽切丁；洋葱洗净切块；西红柿洗净切丁；西芹洗净切小段；豇豆洗净切小段，待用。

3 炒锅中倒入橄榄油烧热，下入洋葱块、西芹段、蒜末爆香。

4 倒入土豆丁、胡萝卜片、彩椒丁、西红柿丁、豇豆，翻炒至熟。

5 最后倒入蔬菜高汤煮沸，放入番茄酱拌匀，再用小火煮25分钟，加盐搅拌均匀。

6 倒入罐装眉豆，续煮一会儿，盛出装碗，放上洗净的薄荷叶，摆上烤法棍即可。

秋葵也叫咖啡黄葵、黄秋葵，素有"蔬菜王"之称，有极高的经济价值和食用价值，其叶、芽、花富含蛋白质、维生素及矿物质。

科属：锦葵科秋葵属

植物类型：一年生草本

秋——葵

栽培事项

光照水分	全光照，耐旱、耐湿，但不耐涝
生长适温	25 ~ 30℃
栽培周期	南方 2 ~ 11 月，北方 5 ~ 9 月，春播为佳，开花后 1 周收获
栽培用土	疏松肥沃的壤土或沙壤土
常见虫害	毒毛虫、蚜虫、美洲斑潜蝇、地老虎等

种植提示

阳台种植秋葵时，为了有更好的通风和日照条件，减少病虫害的发生，可只留主干，其余侧枝全除去，叶片也适量去除，只留果节下两节叶片即可。

|培|育|方|法|

播种

定植

种子先进行催芽处理，4 ~ 5 天发芽后再进行点播，每穴种 3 棵，穴深 2 ~ 3 厘米。先浇水，后播种，再覆土 2 厘米左右。

当苗长出 3 ~ 4 片真叶后，将生长最为健壮的一株移栽至较大的盆中。

当秋葵长至 30 厘米左右的时候，将立柱垂直扎进土中，用绳子将植株绑在立柱上，以保持其直立的株型。注意绑绳时留一指的空隙让其继续增粗生长。

秋葵在生长过程中会有腋芽长出，需掰掉或用剪刀剪掉。适时摘心，可以促进植株早结果。秋葵属于自花传粉植物，所以不用进行人工辅助授粉。

在施足基肥的基础上适量追肥，施肥后浇透水。

当秋葵果荚长度达到 8 ~ 10 厘米，果实外表鲜绿色时便可以采收，最佳采收时间为下午 4 ~ 6 点。用剪刀剪下，不能用手乱掰乱撕，伤害植株。

秋葵炒肉片

◌食材用料

秋葵……180克

猪瘦肉……150克

红椒……30克

姜片、蒜末、葱段……
各少许

盐、鸡粉……各2克

水淀粉……适量

生抽……3毫升

食用油……适量

◌制作方法

1 将洗净的红椒切成小块；洗好的秋葵切成段。

2 洗净的猪瘦肉切成片，装入碗中，放入少许盐、鸡粉、水淀粉，抓匀，注入少许食用油，腌渍10分钟至入味。

3 锅中注水烧开，加入少许食用油，倒入秋葵，焯煮半分钟至其断生，捞出，备用。

4 用油起锅，放入姜片、蒜末、葱段，爆香。

5 倒入肉片，搅散，炒至转色，加入秋葵，拌炒匀。

6 放入红椒，加入生抽，炒匀，加入盐、鸡粉，炒匀调味，盛出装盘即可。

Part 4

风味独特的
根茎菜

根茎菜是以肥大的肉质根和肉质茎为食用部位的蔬菜，萝卜、马铃薯、芋头、洋葱等根茎菜埋在土壤中，积蓄了大量的淀粉和营养物质，既能果腹，又能变幻出万千的风味。芽菜爽脆可口又营养丰富，是餐桌上的"如意菜"。

樱桃萝卜是一种小型萝卜，为中国的四季萝卜中的一种，外貌与樱桃相似。樱桃萝卜具有品质细嫩，生长迅速，外形、色泽美观等特点，适合凉拌和腌渍。

科属：十字花科萝卜属
植物类型：一二年生草本

樱桃萝卜

栽培事项

光照水分	全光照，保持湿润
生长适温	5 ~ 25℃
栽培周期	周年可种，春、秋季为佳，开花后约1周收获
栽培用土	肥沃透气的沙壤土
常见虫害	黄条跳甲

种植提示

樱桃萝卜成熟以后不要太晚收获，否则容易产生糠心和裂缝，影响口感。再晚一些根部就会裂开，不能食用了。

|培|育|方|法|

播种

间苗

盆土浇透水，将种子播撒均匀，覆土约1厘米。白天温度保持在18~20℃，夜间温度保持在8~12℃，10天左右就会发芽。

种植过密时可以多次间苗，种植不密可以待幼苗长出2~5片真叶时间苗，同时移植。

移植时，盆中要保持每株行距10厘米左右。轻压土使根系充分接触土壤，移植后浇透水。

幼苗期保持土壤稍湿润，不干不浇水。生长期内要注意保持土壤湿润，浇水要均衡。如果幼苗长势不良，有缺肥症状，可以随水冲施少量液态氮肥。

露出土壤外的根部，会因吸收太多的阳光而有苦味，需要稍微培土。顺带疏松土壤，拔除杂草。

播种后约30天就可以收获了。收获时应选择根部膨胀外露较明显的植株拔收，留下其他小一点和未长成的继续生长。

健康食谱

樱桃萝卜黄瓜沙拉

食材用料

樱桃萝卜……100克

黄瓜……100克

莳萝草……少许

香菜叶……少许

盐……2克

白醋……5毫升

黑胡椒碎……3克

沙拉酱……适量

橄榄油……适量

制作方法

1 将洗净的樱桃萝卜与黄瓜切成薄片，待用。

2 将莳萝草切成末待用。

3 将樱桃萝卜片、黄瓜片与莳萝草末装入碗中。

4 加入黑胡椒碎、盐、白醋、沙拉酱，拌匀。

5 加入橄榄油拌匀，放上香菜叶装饰即可。

胡萝卜，原产于亚洲西南部，有两千多年的栽培历史，在元末传入我国，是一种质脆味美、营养丰富的家常蔬菜，素有"小人参"之称，生食炒食都很可口。

科属： 伞形科胡萝卜属
植物类型： 二年生草本

胡萝卜

栽培事项

光照水分	全光照，干湿交替
生长适温	15 ~ 25℃
栽培周期	春播 3 ~ 4 月，秋播 8 月下旬，播种后 70 ~ 90 天收获
栽培用土	肥沃深厚的壤土或沙壤土
常见虫害	地老虎、种蝇

种植提示

若有机肥没有充分腐熟，胡萝卜易产生畸形根；土壤水分忽干忽湿，胡萝卜易裂根；若盆器太小，胡萝卜生长受阻，则容易长出许多须根。

|培|育|方|法|

播种

盆土浇透水，种子均匀撒播，再覆上 1 厘米的细土，可以混一些沙子，有助于支撑幼苗。7 ~ 10 天就会发芽。

间苗

真叶长出 2 ~ 3 片时间苗，留下健壮的苗，每株间隔 2 ~ 3 厘米。继续生长几天后，可以二次间苗，苗间距可增加到 10 厘米左右。

施肥

需每隔 20 天左右施肥 1 次，配合着浇水，定期喷洒水肥；在肉质根开始膨大时增施磷钾肥。

浇水

幼苗期生长较慢，要控制浇水量，以免徒长。胡萝卜比较耐旱，在叶片生长旺期要适当控水；在胡萝卜肉质根开始膨大时加大浇水量，以土壤不积水为宜。

根部培土

胡萝卜长到 5 ~ 8 片真叶时，肉质根开始膨大，这时要注意给胡萝卜培土，将露出土面的根部用土壤覆盖住，慢慢压实土壤。培土可使胡萝卜根部呈橙红色。

收获

播种 90 天左右时植株心叶变黄绿，外叶略枯黄，这时就可以收获了。胡萝卜采收前宜先浇水，待土壤变软时拔出。

清炒时蔬

食材用料

西蓝花……100克

胡萝卜……30克

荷兰豆……50克

芥蓝……70克

豌豆……20克

蒜末……少许

熟白芝麻……少许

盐、鸡粉……各2克

食用油……适量

制作方法

1 芥蓝洗净，斜刀切片；胡萝卜洗净，去皮后切丝。

2 西蓝花洗净，切成小朵。

3 锅中注入适量清水，倒入少许盐、食用油。

4 放入荷兰豆、西蓝花、豌豆，焯煮1分钟。

5 放入胡萝卜、芥蓝，煮半分钟，捞出。

6 锅中注入适量食用油烧热，倒入蒜末爆香。

7 放入焯好的食材炒片刻，加入盐、鸡粉炒匀调味。

8 盛出炒好的菜肴，撒上熟白芝麻即可。

洋葱在国外被誉为"菜中皇后",营养价值颇高。多食洋葱能起到降血压、增加冠状动脉的血流量、预防血栓形成的作用,非常适合高血压患者食用。

科属: 百合科葱属
植物类型: 二年或多年生草本

洋葱

栽培事项

光照水分	全光照，耐旱
生长适温	20 ~ 26℃
栽培周期	8 ~ 10 月移栽，移植种球后 50 天左右收获
栽培用土	沙土黏土均可
常见虫害	根蛆、潜叶蝇、葱蓟马

种植提示

洋葱若用种子播种繁殖，种植的周期长、难度也较大，一般采用市售的种球繁殖，生长周期短，出芽率也有保障。

|培|育|方|法|

移栽种球

发芽

盆土浇透水，洋葱根部朝下，种进土中并覆土，尖端芽稍稍露在外面，用手指轻轻压实周围土壤。移后要浇水 2 ~ 3 次。

洋葱幼苗出土前后要勤浇水，保持湿润，还要注意除杂草，以免损耗养分。1 周后洋葱顶部便钻出鲜绿的芽。

间苗

幼苗种植过密会影响种球的生长，要保持每株间距在 6 厘米左右，让洋葱种球有充足的营养和合适的空间。

摘除花茎

如果在 10 月份移栽种球，可能会因低温而抽薹开花，务必在花茎还小时将其摘除，以免消耗种球养分。

肥水管理

可以一个月施 1 次氮肥，补充营养。洋葱收获前的 1 ~ 2 周要控制浇水，使鳞茎组织充实，加速成熟，防止鳞茎开裂。

收获

当洋葱球茎膨大到一定程度，且叶片开始倒塌后，就可以选择一个晴朗的好天气采收了。

锅烤蒜香黄油鸡

食材用料

全鸡……1 只

白洋葱……2 个

蒜……6 瓣

黄油……30 克

盐……适量

黑胡椒……适量

制作方法

1 将洗净的整鸡用厨房纸内外吸干,往鸡身均匀淋撒 1 茶匙盐,鸡身内涂抹 1/2 茶匙盐,用保鲜膜包裹后冷藏 4 小时或隔夜。

2 烤箱预热至 200℃。

3 大蒜切碎和黄油混合搅拌,白洋葱切成 4 块。从冰箱取出冷藏腌渍好的整鸡,在鸡身表面均匀涂抹蒜泥黄油酱。

4 撒上黑胡椒,把白洋葱填入鸡身内,鸡翅尖折向背部。

5 将整鸡放入锅内,鸡胸向上,盖上锅盖送入烤箱,烘烤 30 分钟。

6 烘烤结束后移去锅盖,继续烘烤 30 分钟,等待表皮充分上色即可出烤箱。在锅内静置 10 分钟后即可享用。

马铃薯又称土豆、洋山芋，块茎可供食用。马铃薯的皮中含有很多营养物质，去皮不宜厚，越薄越好。但马铃薯中含有大量淀粉，糖尿病人不宜多食。

科属：茄科茄属

植物类型：多年生草本

马铃薯

栽培事项

光照水分	全光照，耐旱不耐涝
生长适温	16 ~ 18℃
栽培周期	春分前后移栽，移植种球后 60 天左右收获
栽培用土	疏松透气的园土
常见虫害	二十八星瓢虫、蛴螬

种植提示

马铃薯发芽后，其幼芽和芽眼部分的龙葵碱含量可高达 0.3% ~ 0.5%，食用后足以造成中毒。因此，发芽的马铃薯只适合栽种，而不能食用。

|培|育|方|法|

移栽种球

发芽

马铃薯放在阴凉背阴处发芽，芽发出后按每块 3 个芽眼的标准切块，稍晾干切面。在湿润的盆土里均匀挖洞，把块茎埋进去。

约 1 周就能看到马铃薯芽破土而出，2 周的时间便可齐苗。其间控制浇水，保持土壤湿润即可。

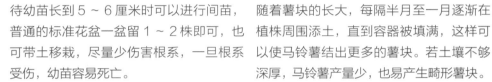

待幼苗长到 5 ～ 6 厘米时可以进行间苗，普通的标准花盆一盆留 1 ～ 2 株即可，也可带土移栽，尽量少伤害根系，一旦根系受伤，幼苗容易死亡。

随着薯块的长大，每隔半月至一月逐渐在植株周围添土，直到容器被填满，这样可以使马铃薯结出更多的薯块。若土壤不够深厚，马铃薯产量少，也易产生畸形薯块。

在生长期间要定期浇水，特别是开花和块茎形成期，这两个时期是最需要水的。但要注意不可过度浇水，这样会种出黑土豆。可定期施腐熟的鸡粪进行追肥。

大约 60 天就可以采收啦！你可以选择把土壤倒空一次性采摘，也可以选择只挖取一部分，让植株继续生长。

火腿薯泥

食材用料

马铃薯……170 克
火腿片……40 克
莳萝……少许
盐……3 克

制作方法

1 马铃薯洗净去皮，切丁待用。

2 将备好的火腿片对半切开，再切碎，入锅炒熟，盛出待用。

3 炒锅注水烧热，倒入马铃薯丁。

4 加入盐拌匀，转小火煮 15 分钟。

5 捞出煮好的马铃薯丁，沥干水分，装入碗中。

6 边搅拌边将马铃薯丁压碎，撒上炒好的火腿碎和莳萝即可。

芋头也叫芋艿，是芋属植物茎基部膨大而成的肉质球茎。芋头口感细软，绵甜香糯又营养丰富，其淀粉颗粒小，仅为马铃薯的十分之一，食用后很容易消化。

科属：天南星科芋属
植物类型：多年生草本

芋
头

栽培事项

光照水分	散射光，喜湿怕旱
生长适温	27 ~ 30℃
栽培周期	4 ~ 5 月移栽，移植后 5 ~ 6 个月收获
栽培用土	肥沃深厚的壤土或黏壤土
常见虫害	斜纹夜蛾、蛴螬、蝼蛄

种植提示

芋头最佳的削皮方法是在流动的水中或戴手套处理，因为芋头的黏液会使皮肤过敏，若引起过敏了可用生姜汁擦拭。削完皮的芋头最好泡在水中。

|培|育|方|法|

移栽种球

发芽

选择芽饱满的芋头做种芋。填土时先保留上方10厘米的空间，土壤施足基肥，将种芋芽朝上浅栽，芽上覆土5厘米后充分浇水。

保持土壤湿润，避免土壤积水，7 ~ 10 天就可以看到芋头尖尖的绿色新芽了。

当植株长至10~15厘米，在周围撒一小把氮磷钾复合肥，或撒腐熟的鸡粪肥也可。长至30厘米以上，再施撒一把肥料。

种植初期要勤浇水，之后逐渐减少浇水次数，保持土壤湿润就可以了。在天气炎热蒸发量大的时候，若盆器较小，需要1天浇2次水，并要经常向叶面喷水。

每次施肥过后都要在肥料上面覆盖一层5厘米的土，能避免子芋露出土面，这样结出的芋头又多又好。

叶子开始干枯前是采收的好时机，在天气晴朗的日子将芋头连根挖起，去除土壤，放在温暖处贮藏即可。注意必须在天气变冷结霜前采收完毕。

干煸芋头牛肉丝

ﾟ食材用料

牛肉……270 克

鸡腿菇……45 克

芋头……70 克

青椒……15 克

红椒……10 克

姜丝、蒜片……各少许

白糖、盐、生粉、食
用油……各少许

料酒……4 毫升

生抽……6 毫升

ﾟ制作方法

1 将去皮洗净的芋头切丝；洗好的鸡腿菇、红椒、青椒切丝。

2 洗净的牛肉切丝，装碗中，撒上少许姜丝，淋入适量料酒，
加入少许盐、生粉、生抽，拌匀，腌渍约 15 分钟。

3 热锅注油，烧至五成热，倒入芋头丝，用中火炸成金黄色，
捞出沥干油，待用。再倒入切好的鸡腿菇，搅散，用小火炸一
会儿，捞出沥干油，待用。

4 用油起锅，倒入余下的姜丝，放入蒜片，爆香，倒入肉丝，
炒匀炒香，至其转色。倒入红、青椒丝，炒匀炒透，至其变软。

5 放入芋头丝和鸡腿菇，炒散，加入盐、生抽、白糖，大火炒
熟即可。

绿豆在发芽过程中，维生素C的含量增多，部分蛋白质也会分解为各种人体所需的氨基酸，可达到绿豆原含量的七倍，因此绿豆芽的营养价值比绿豆更高。

科属：豆科豇豆属
食用部分：种子的下胚轴

绿豆芽

120

栽培事项

光照要求	阴暗处
水分要求	每日早晚两次淋水或喷水
生长适温	21 ~ 27℃
栽培时间	周年可制
收获时间	5 ~ 7 天

种植提示

市售的绿豆芽多用了植物生长调节剂，豆芽胚轴粗胖、白亮且水分含量高。家庭培育也可在泡豆芽时添加营养液，胚轴便会肥大。

|培|育|方|法|

浸种

铺盘

选择完全成熟的新鲜绿豆，漂洗干净，在 20 ~ 23℃清水中浸泡 8 ~ 12 小时，至绿豆皮破开。

在碗底铺上湿润的无纺布，将绿豆平铺在无纺布上，再盖一层湿润的无纺布。放在荫蔽处。

绿豆的种子喜温、耐热，发芽时的最低温度为 10℃，最适温度为 21～27℃，可以采用浇水的办法来调节温度，并保持湿润，第二天可发芽。

早、晚各用清水洗 1 次，再将水分滤掉。清洗时只需轻轻晃动容器，再将水倒掉即可。起到湿润芽菜，洗掉杂菌的作用。

若想吃到绿豆芽的子叶，可收获前一天拿掉无纺布，置于弱光处进行绿化。

绿豆芽长到 5 厘米左右就可以收获了。若根部长出了侧根，表示已经错过了最佳食用的时期。

健康食谱

凉拌豆芽

食材用料

绿豆芽……200克

生抽……15毫升

白糖……3克

酱油……适量

制作方法

1 绿豆芽去根。

2 锅中注水烧开，倒入绿豆芽。

3 焯煮至熟透，捞出。

4 装入盘中。

5 加入生抽和白糖，拌匀，装入碟中。

6 食用前淋上酱油即可。

Part 5

为菜肴增色添香的香辛菜

迷迭香、薄荷等香草既是菜肴中不可或缺的点睛之笔，也是美化居室的重要一员，闲暇时摆弄花草，疲劳时摘下几片叶子泡一杯茶，清心宁神，缓解疲劳。

罗勒为药食两用芳香植物，叶色翠绿，花色鲜艳，芳香四溢。其嫩叶可食，亦可泡茶饮。罗勒提取的精油，气味清凉，涂抹或香薰能缓解疲劳，振奋精神。

科属：唇形科罗勒属
植物类型：一年或多年生
草本

罗勒

126

栽培事项

光照水分	全光照，耐旱不耐涝
生长适温	20 ~ 25℃
栽培周期	周年可种，春季最佳，生长期随时可采收
栽培用土	肥沃的沙壤土或腐殖质壤土
常见虫害	蚜虫、日本甲虫、蓟马、潜叶蝇、蜗牛及蛞蝓

种植提示

罗勒散发的气味对某些害虫有忌避作用，但还是有害虫照样会啃食叶片，如某些品种会有夜盗虫，此时需要费一点心力用手抓除，或用防虫网罩住隔离。

|培|育|方|法|

播种

发芽

种子浸种催芽后均匀播于土壤上，覆土1厘米，盖上薄膜保湿。也可扦插繁殖，将嫩枝梢摘下插入土壤中浇透水即可。

保持土壤湿润，避免强光直射，播种后4~7天就会发芽，发芽后可移到光照条件好的地方养护。

发芽 2 周后需要间苗，疏去弱苗、病苗，留下健壮的粗壮苗，若是小盆则一盆中留 2 ~ 3 株即可。

植株长到 15 厘米时主茎要摘心，可促进侧芽生长，枝叶更为茂密。6 月后罗勒若现花蕾，就要连同叶子一起将整段花穗切除，让侧枝继续生长，可以持续采收。

间苗后 20 天左右，每隔 1 周需要施加有机肥料追肥。也可以以稀释的液肥取代浇水作业。

侧枝生长到 7 ~ 8 厘米时就进入了收获期，夏季采收时，需从枝条一半的地方截断，可促进植株在秋季前长得更茂盛。

橙味虾

食材用料

九节虾……350 克

橙子……1 个

蒜末……适量

罗勒……适量

青金桔……适量

白糖……30 克

食用油……适量

制作方法

1 将洗净的虾去头、去脚，从内侧切开；青金桔对半切开，待用。

2 洗净橙子，擦出橙皮碎，取果肉切块；罗勒洗净切碎。

3 锅中注水烧开，倒入橙子肉，小火煮30分钟，放入白糖、橙皮碎，挤入适量青金桔汁，煮20分钟，收汁，即成橙子酱。

4 烤盘中铺好锡纸，刷上一层油，摆上切好的虾肉，刷上橙子酱，撒上蒜末、罗勒碎。

5 放上切开的青金桔，推入预热好的烤箱中，调上、下火温度为220℃，烤约10分钟，至食材熟透，打开箱门，取出烤盘。

6 稍微冷却后，再淋入适量橙子酱，撒上少许罗勒碎即可。

薄荷，也叫"银丹草"，具有医用和食用双重功能，既可作为调味剂，又可作为香料，还可配酒、冲茶等。薄荷全草可入药，治疗感冒发热、皮肤瘙痒等症。

科属：唇形科薄荷属
植物类型：多年生草本

薄荷

栽培事项

光照水分	半光照，湿润
生长适温	25 ~ 30℃
栽培周期	周年可种，春季至秋季间采收
栽培用土	沙壤土
常见虫害	棉夜蛾（造桥虫）

种植提示

薄荷很容易因杂交产生变异种，因此薄荷的品种非常丰富。不同种的薄荷不适合栽种在一起，会彼此干扰，最终导致品种变异。

|培|育|方|法|

播种

土壤浇透水，均匀播撒种子。播种温度保持在 20 ~ 25℃，气温过高时需移到阴凉处降温，气温低时要覆盖薄膜以提温保湿。

发芽

发芽期间要经常喷水保湿，不能强光暴晒。种子萌发后及时揭掉薄膜，移到有散射光的地方。

长出 2～3 片真叶时就需要间苗了，挑选长势健壮的植株，其余拔除掉。薄荷是匍匐茎生长，每盆留 1～2 株即可。

多次摘心可使薄荷株型整齐茂密。梅雨季前采收，需截短侧枝，利于通风透光，还能减少病虫害。

开始收成后，每月施2次液肥。用自制的淘米水既能补充水分，也能提供一些营养物质，腐熟的鸡粪或豆渣也是很好的肥料。

当主茎长到约 20 厘米的高度时，其嫩茎和叶片就可以食用。每次采摘后需要追肥，以促进新枝梢的发生。

健康食谱

薄荷水果沙拉

食材用料

无花果……200 克

哈密瓜……200 克

芒果……150 克

蓝莓、树莓、黑莓、

醋栗、薄荷叶……

各适量

薄荷糖浆……少许

制作方法

1 无花果对半切开。

2 哈密瓜用挖勺挖出球形果肉。

3 芒果去皮、去核，切块。

4 取部分哈密瓜球、无花果、芒果块用竹签穿起，放入杯中。

5 撒入剩余水果，点缀薄荷叶。

6 淋上薄荷糖浆即可。

香菜学名为芫荽，叶小且嫩，茎纤细，味郁香。香菜从叶、茎、根到未成熟的种子，都有同样的香气。清蒸鱼上撒些香菜，去腥解腻，让人胃口大开。

科属：伞形科芫荽属
植物类型：一二年生草本

香菜

栽培事项

光照水分	全光照，湿润
生长适温	17 ~ 20℃
栽培周期	春播 3 ~ 4 月，秋播 9 ~ 10 月，播种后 40 天左右收获
栽培用土	肥沃疏松的偏酸性土壤
常见病害	菌核病、叶枯病、白粉病等

种植提示

香菜对养分的需求较大，缺肥时，香菜的纤维会变粗，食用口感差。种过香菜的土壤也不宜再种香菜，应暴晒后添加肥料与新土再栽种其他作物。

|培|育|方|法|

播种

发芽

种子先浸泡一晚比较好发芽。先将种植土浇透水，把浸泡后的种子控干水分，均匀撒播在土壤上，再盖上一层薄土。

浸种后播种 3 天左右即可发芽，发芽初期不需浇太多水。

长出 3 片叶片后进行间苗，保证间距为 2 ～ 4 厘米，留下健壮无病害的苗。

进入生长期，一般建议追肥 1 ～ 3 次，相隔 7 ～ 10 天 1 次。可肥水结合，不断供给养分。

可以小水勤浇，经常保持土壤湿润。香菜不喜欢高温强光，夏季温度过高时用遮阳网覆盖，另外多浇水也可以起到降温的作用。

播种后 40 天就可以采收了，管理得当可陆续采收至次年 3 月。若要留种，需等到种子变成褐色后连茎一同剪下，放在通风处阴干。

泰式青柠蒸鲈鱼

食材用料

鲈鱼……200 克

青柠檬……80 克

大蒜……7 克

青椒……7 克

朝天椒……8 克

香菜……15 克

盐、食用油……各适量

鱼露……10 毫升

香草浓浆……26 毫升

制作方法

1 处理好的鲈鱼划一字花刀，撒盐涂抹均匀，腌渍片刻。

2 青柠檬切小瓣，取一个干净的小碗，挤入青柠汁。

3 洗净的朝天椒、青椒去蒂，切圈；去皮的大蒜切末。

4 将鲈鱼装入备好的蒸盘中，放入烧开水的电蒸锅中，隔水蒸 8 分钟至熟。

5 取一个碗，放入青椒、朝天椒、蒜末、青柠汁、香草浓浆、鱼露，搅拌均匀，再加入香菜，搅拌均匀，制成调味汁，待用。

6 揭开蒸锅盖，取出蒸盘，将调味汁淋在鱼上，浇上热油，摆上装饰用的青柠檬片即可。

小葱也叫香葱，食用部分是葱的茎与叶，常作为调料使用，多用于荤、腥、膻，以及其他有异味的菜肴、汤羹中，对其他菜肴也能起增味添香的作用。

科属：百合科葱属
植物类型：多年生草本

小—葱

栽培事项

光照水分	全光照，耐旱不耐涝
生长适温	12 ~ 25℃
栽培周期	春播 3 ~ 4 月，秋播 9 ~ 10 月，播种后 3 ~ 5 个月收获
栽培用土	肥沃疏松的土壤
常见虫害	葱蓟马、葱线虫病、潜蝇、夜蛾等

种植提示

若想吃葱白多一点儿的小葱，需要分3次做好培土工作，第一次为定植后一个月，将疏松的土壤堆在茎的基部，不用堆太高，以后每月固定培土1次即可。

|培|育|方|法|

播种

种子直接播撒在栽培土里，种子中混细沙可以撒得更均匀。播后覆上一层薄土，再盖上黑色塑料薄膜保湿避光。

发芽

播种后约 1 周即可发芽，发芽后移到有阳光的地方栽培。发芽的小苗叶片狭小，不要误认为是杂草给拔掉了。

定植

施肥

当苗长出 3 ～ 4 片真叶时就可以定植，土壤施足基肥，幼苗带土直接移栽到盆中，浇透水放在通风良好的地方。也可在 1 ～ 2 片叶时间苗。

小葱根系浅，可薄肥勤施，缺肥会导致叶片变黄，要定期施肥，可以选用有机肥料或者液肥。选择有机肥一个月施 1 次，液肥则需要 1 周 1 次。

浇水

收获

夏季气温高，蒸发量大，需要每日浇水；其余季节可视情况浇水，小水勤浇，避免积水。

当植株长到 15 ～ 20 厘米就可以采收，采收时从离土面约 3 厘米处剪下即可。在栽种的第一年，植株还很瘦弱，采收次数不可太多。

豆腐蒸鱼

ᵒ᾽食材用料

鲜鱼……270 克

豆腐……1 块

小葱……2 根

姜块……15 克

葱丝、姜丝、辣椒

丝……各适量

酱油、蚝油、芝麻油、

牛油、乌醋、米酒、

海盐、白胡椒粉……

各适量

ᵒ᾽制作方法

1 小葱切段；豆腐切成约 2 厘米厚的块状。

2 两面鱼身各划 2～3 刀至骨，在鱼肚里塞入适量葱段和姜块，再撒上海盐和白胡椒粉，淋入米酒，腌渍 20 分钟。

3 将蚝油、芝麻油、酱油、乌醋倒入碗中，调成酱汁备用。

4 把豆腐均匀地铺入锅中，放置 15 分钟至豆腐出水。

5 在豆腐上铺上葱段，放入鱼，中火烧至开始有水蒸气飘出。

6 盖上盖，并转中小火烧 4 分钟，再转小火烧 4 分钟，关火，续闷 3 分钟。将牛油烧至熔化，备用。

7 揭盖，倒入酱汁，铺上葱丝、姜丝、辣椒丝，浇入热牛油即可。

洋甘菊又叫母菊，常用来入药和制茶。用干燥的洋甘菊加蜂蜜泡水饮用，香甜可口，是当下非常流行的保健品和养生茶品。

科属： 菊科母菊属

植物类型： 一年或多年生草本

洋 甘 菊

栽培事项

光照水分	全光照，忌积水
生长适温	20 ~ 30℃
栽培周期	秋播，播种后 60 天左右收获
栽培用土	肥沃疏松的壤土或沙壤土
常见虫害	蚜虫

种植提示

德国洋甘菊精油呈深蓝色，多用于医药；罗马洋甘菊精油呈淡黄色或绿色，是最常被使用在美容上的洋甘菊种类；摩洛哥洋甘菊普及度还不高。

|培|育|方|法|

播种

发芽

种子直播，将种子均匀播种在准备好栽培土的小盆中，浇透水，种子表面不用覆土。

7 ~ 10 天可发芽。发芽之后要及时见光，气温适宜时可以直接晒太阳。洋甘菊幼苗期温度不能过高，13 ~ 16℃较为适宜。

出苗后注意除草和行间松土，适时翻土，使表面土层干松，底下稍湿润，促使根向下扎稳。当苗高长到 10 厘米时可以定植。挑选健壮的幼苗带土移栽，尽量不要损伤根系。

洋甘菊需肥量大，整个生长过程追肥 2 ~ 3 次。幼苗生长 20 天左右追施第一次肥；第一次打顶后追施第二次肥；现蕾前追施第三次肥，每次施完肥后都要浇水。

气温高时需每天浇水，视情况增加或减少浇水量，但一定要保持土壤湿润。

通常播种后60天左右，花朵长出以后便可采收了，直接采收花朵与全草，晒干后保存。

菊花胡萝卜汤

食材用料

胡萝卜……65克

高汤……300毫升

干洋甘菊花……15克

葱花……少许

盐……2克

鸡粉……2克

制作方法

1 洗净去皮的胡萝卜切厚片，再切条形，改切成小块，备用。

2 砂锅中注入适量清水烧热，倒入高汤，拌匀，放入胡萝卜。

3 盖上盖，烧开后用小火煮约20分钟。

4 揭开盖，倒入洗好的干洋甘菊花，拌匀，煮出香味。

5 加入盐、鸡粉，拌匀调味。

6 关火后盛出煮好的胡萝卜汤，装入碗中，点缀上葱花即可。

百里香原产于南欧，具有芳香的气味，很早的时候就作为一种香料和蜜源植物而广泛种植。在烹调海鲜、肉类、鱼类时，加入少许百里香粉，可去腥添香。

科属：唇形科百里香属
植物类型：矮小半灌木状草本

百里香

栽培事项

光照水分	全光照，见干见湿
生长适温	20 ~ 25℃
栽培时间	春秋季播种
收获时间	播种后 90 ~ 100 天
栽培用土	排水良好的土壤

食用提示

百里香用于肉类烹制及汤类的调味增香，是法国菜必备的香料；意大利人制作的奶酪和酒都用它作为调料，并使用在汤和罐头中。

|培|育|方|法|

育苗

用手指按出 2 ~ 3 个深约 1 厘米的小孔点播播种，每个小孔之间要有一定的间隔，然后将种子放在小孔内，并填平小孔。

发芽

2 ~ 3 周后发芽，发芽后要每日浇水，保持土壤湿润，并将小苗剪去，留 2 棵长势好的小苗即可。

定植

整枝

百里香生长缓慢，当植株长出2~3片真叶后定植。定植前先使用剪刀疏剪去长势较弱的植株，只留下2株生长状况较好的植株。

剪除近地面老化枝条，以通风透光，利于根部呼吸。南方梅雨季节前要将枝条截短1/3，预防闷热。

肥水管理

收获

定植前可在土中混入腐熟有机肥做基肥，定植后每7~10天施1次液肥。夏季植株会比较虚弱，所以建议大家不要在夏季施肥。百里香喜干燥环境，浇水不宜过量。

植株长至20厘米左右时即可采收，用剪刀剪下枝条前端5厘米左右。注意在植株开花前可以剪取它的枝叶，否则开花结子后植株很容易死亡。

白酒百里香煎鸡腿

⁰食材用料

鸡腿肉……600 克

白洋葱……2/3 个

大蒜……1 头

香芹……少许

百里香……适量

盐……1/3 小勺

胡椒……少许

白葡萄酒……100 毫升

橄榄油……少许

⁰制作方法

1 鸡肉切大块；白洋葱切 2 厘米厚圆片；蒜拍扁；香芹切末。

2 锅中倒入橄榄油，放入大蒜，开小火慢炒，待其变色后取出。

3 在鸡肉上撒盐和胡椒，抹匀腌渍片刻。

4 鸡皮朝下放入锅中，盖上锅盖，开中火加热。待鸡皮煎至焦香后，取出放在铁盘上。

5 锅中留油，放入白洋葱、百里香，中火将白洋葱炒软。

6 放入鸡肉，鸡皮朝上，放入大蒜，倒入白葡萄酒，盖上锅盖，焖煮至鸡肉熟透。

7 关火，开盖，撒上荷兰芹、百里香装饰即可。

迷迭香闻之香味浓郁，有清心提神的功效。在牛排、土豆等烤制品中经常使用，是西餐烹调离不开的香料。夏天开蓝色小花，犹如水滴一般，非常美丽。

科属： 唇形科迷迭香属
植物类型： 灌木

迷迭香

栽培事项

光照水分	全光照，耐旱不耐涝
生长适温	10 ~ 25℃
栽培周期	南方周年可种，气温不能低于15℃，除冬季外均可采收
栽培用土	排水良好的沙壤土
常见虫害	红叶螨、白粉虱

种植提示

迷迭香的生长速度慢，再生能力不强，老枝木质化的速度也快，修剪时若过分强剪，可能会导致植株无法再发芽，因此剪枝长度宜为枝条的1/3。

|培|育|方|法|

播种

发芽

栽培土施足基肥并浇透水。用撒播法播种，注意种子要尽量稀播，播后少量浇水，覆上黑色塑料薄膜保温保湿。

种子2 ~ 3周发芽，芽顶出土后要小水勤浇，保持土壤湿润。

当苗长到10厘米左右即可定植，选择酸性沙壤土植株生长较好。定植前施足腐熟有机肥，保证光照充足，但不能长期高温暴晒。

需经常将接近地面的老枝条剪除，以避免雨水喷溅而造成病菌感染。另外，太过拥挤的枝条也需要修剪，以利通风。

浇水见干见湿，盆内不能积水，否则容易烂根。春、秋季各施1次氮磷钾复合肥即可。

除了栽种后第一年不要经常采收外，几乎全年可采。剪下枝条的前端即可使用。

烤综合蔬菜

◦ 食材用料

茄子……150克

去皮土豆……130克

西葫芦、红彩椒、黄

彩椒……各50克

洋葱……80克

圣女果……1颗

迷迭香……适量

百里香……适量

橄榄油、盐、胡椒

粉 …… 各适量

◦ 制作方法

1 将西葫芦、茄子洗净去蒂，切长条；去皮土豆、洋葱洗净，切成圆片。

2 红彩椒、黄彩椒洗净去蒂，切成丝。

3 烤盘垫上锡纸，刷上橄榄油，放上茄子，将烤盘放入烤箱，用上、下火180℃烤约6分钟至茄子表面呈金黄色，取出烤盘。

4 放上迷迭香、百里香，再次将烤盘放入烤箱，烤至熟软，取走迷迭香，将茄子放在盘中待用。

5 再将其他食材放入烤盘，烤约6分钟后在土豆片、西葫芦上撒上盐、胡椒粉，续烤一会儿至全部食材熟软入味，取出摆盘。

6 最后放上少许迷迭香、百里香、圣女果做装饰即可。